PHILOSOPHY

哲学课
ZHEXUEKE

现象学导论

【美】肖恩·加拉格尔（Shaun Gallagher） 著
张浩军 译

Phenomenology

中国人民大学出版社
·北京·

献给伊莱恩（Elaine）

丛书编者序言

现在的学生学哲学并不容易。哲学的所有领域都变得越来越复杂和精 x
致，这是哲学的所有分支都具有的、在专业文献和读者那里反映出来的一个事实。然而，每一个研究哲学的人都被期望能很好地把握在哲学的大多数——即便不是全部——领域中当下正被讨论的那些问题。说今天学习哲学的学生面对的是一项赫拉克勒斯的任务一点也不为过。

帕尔格雷夫出版社的这套《帕尔格雷夫今日哲学丛书》（*Palgrave Philosophy Today Series*）旨在帮助已经成为哲学家和有志于成为哲学家的读者理解、鉴别和处理构成哲学之多重面相的那些错综复杂的问题。作为高年级学生的教材，这些书也是理想的教学工具书。虽然这些书或许不是主要为那些哲学入门者准备的，但是所有具备基本哲学知识的学生都将从对这些引人入胜的原创著作的阅读中获益匪浅。这些著作将会使每一个人都能介入当代哲学中所有重要的论题。

有三个主要方面使《帕尔格雷夫今日哲学丛书》与众不同，魅力四射。首先，每本书都相对短小。其次，丛书中的每本书都是特邀在哲学各个领域中著名的、资深的和迅速成长的国际学者撰写的。最后，虽然这套丛书的主要目的是针对哲学研究的一个关键领域提供一种理据充分的评价意见，但每一个标题都呈现了一种与该领域的当前工作密切相关的人不同的解释。

肖恩·加拉格尔无疑是公认的最具影响力的国际现象学权威。作为十

二本书和无数期刊文章的作者，加拉格尔多年来一直影响着当前关于现象
xi 学的争论。他为《帕尔格雷夫今日哲学丛书》所写的这本书将为研究现象学的学生和学者开启一个全新的研究领域。

虽然现象学在传统上与哲学的某些领域，特别是美学、存在主义和心理分析相关，但加拉格尔的主要目的是要表明，现象学在多大程度上能够作为科学实践的一部分发挥一种生产性的作用。从我们的体验是由基本的主体间性现象学塑造的这个假设开始，加拉格尔论证了一个令人信服的观点：我们应该拒斥科学的还原主义倾向，现象学的实践应用和科学应用的最新发展在这项工作中能够发挥决定性的作用。

这本书也适合那些对现象学的经典解释感兴趣的读者。它也会使读者获知一些关于意识和心灵本质的当代争论——包括意向性、认知、时间性和自身性这些关键问题，并激励他们对这些争论进行思考。

维托里奥·布法基
《帕尔格雷夫今日哲学丛书》总编
科克大学学院哲学系

致　谢

本书虽小，但工程浩大，为此，我要对那些曾经支持过我的人表示感 xii
谢。我首先要感谢爱尔兰科克大学学院的维托里奥·布法基（Vittorio Bufacchi），他是帕尔格雷夫·麦克米兰（Palgrave Macmillan）系列丛书的编者，是他邀请我写这本书的。我还要感谢美国孟菲斯大学的斯特凡诺·维契尼（Stefano Vincini），他帮助我收集了很多参考文献，并对部分初稿做了评论。

作为孟菲斯大学的莉莉安和莫里·莫斯（Lillian and Morrie Moss）杰出哲学教授，我得到了很多重要的支持。我也从与本书很多章节所涉及的那些论题相关的一些研究项目和资助、访问研究、会议和讨论中获益匪浅。这些项目、资助和访问研究包括：赫特福德郡（Hertfordshire）大学的玛丽·居里初始训练网络基金（Marie Currie Initial Training Network Grant），研究主题是主体间性具身科学（TESIS）；2010 年在里昂高师和巴黎综合理工学院的应用认识论研究中心担任法国国家科学研究中心（CNRS）的访问研究员；澳大利亚研究委员会关于具身德性和专门知识的项目，分别由澳大利亚麦考瑞大学和伍伦贡大学的理查德·梅纳里（Richard Menary）和戴维·辛普森（David Simpson）领衔；赫特福德郡大学的保罗·科茨（Paul Coates）和萨姆·科尔曼（Sam Coleman）领导的艺术与人文研究委员会关于现象性质的项目。

除了我在这里呈现的对现象学经典立场的学术评论之外，本书反映和参考了我自己对各种当代课题和争论的大量研究。在这方面，我大大受益于与许多作者的合作、讨论，他们的观点无疑已经在其中一些章节中得以表达。这些作者包括：汉娜·德·亚赫尔（Hanne De Jaegher）、埃塞基耶尔·迪·保罗（Ezequiel Di Paolo）、汤姆·弗洛斯（Tom Froese）、丹·赫托（Dan Hutto）、丽贝卡·雅各布森（Rebecca Jacobson）、宫原克典
xiii （Katsunori Miyahara）、让-米歇尔·罗伊（Jean-Michel Roy）、杰斯帕·索伦森（Jesper Brøsted Sørensen）和丹·扎哈维（Dan Zahavi）。下面这些具体的文章构成了散见于本书各章的一些思想和观点的基础，在这些文章中，我们可以找到关于这些思想和观点的更加成熟和完整的讨论。第 2 章：Gallagher（2012a）；Gallagher and Brøsted Sørensen（2006）。第 3 章：Froese and Gallagher（2010）。第 4 章：Gallagher and Miyahara（2012）。第 5 章：Gallagher（1986）。第 6 章：Gallagher（2011b）；Gallagher and Zahavi（2012）。第 7 章：Gallagher（2012c）；Gallagher and Zahavi（2005）。第 8 章：Gallagher（2012b、d，2007a，2000）。第 9 章：De Jaegher，Di Paolo and Gallagher（2010）；Gallagher（2012e and in press）；Gallagher and Jacobson（2012）。

正如亚里士多德所言，有一些朋友，你欠他们的债永远无法完全还清。这包括我唯一的配偶。对于我的妻子伊莱恩（Elaine）的耐心和支持，我已经亏欠甚多。她永远不求回报，但却始终拥有我的爱。

中译本序

现象学哲学起源于埃德蒙德·胡塞尔的著作，在欧洲哲学家如马丁·海德格尔、让-保罗·萨特、莫里斯·梅洛-庞蒂等20世纪的许多思想家那里得到延续，并在过去50年里经历了不断更新。我们看到，它已经在很多领域得到应用：从精神病学和心理学（始于卡尔·雅斯贝尔斯的早期著作）到医学、教育、计算机科学、人工智能（特别是在休伯特·德雷福斯的工作中），到神经科学研究（在弗朗西斯科·瓦雷拉的工作中），到最近的表演艺术和所谓的“批判的现象学”研究，再到涉及种族、性别和残疾的社会与政治问题研究。

在这本简短的导论性著作中，我试图展示一种历史感、一些方法、哲学问题和现象学的应用。每一章都从经典现象学哲学家提出的一些问题开始，然后展示对这些问题的一些最新思考。这些问题涉及现象学如何与经验科学相关联、第一人称体验的本质、意向性、时间性、自身和我们对他人的经验。其中许多问题都与最近关于具身（和生成）认知、行动理论和动力系统理论的讨论有关，我试图找出它们之间的一些联系。

在本书问世不到十年的时间里，现象学在表演研究和批判理论领域得到了进一步更新。在这篇序言的剩余部分，我将简要概述这些新的发展是如何使用现象学的。

就表演来说，在诸如竞技体育和表演艺术（例如，舞蹈、音乐表演、戏剧）等领域，问题不仅在于体验的本质是什么，而且包括这样的体验在娴熟的表演中起什么作用。自从德雷福斯关于专门知识的现象学著作出版以来，许多研究者对他关于专业实践中意识之最小作用的描述提出了异议（例如，Dreyfus 2002）。例如，一个运动员或一个舞蹈演员不假思索地按照流程自动完成所有动作和表演，这一观点已经受到无数质疑，质疑者认为，身体觉知、对环境因素的密切关注，甚至慎思，都在专业实践中发挥了作用（例如，Høffding 2019；Montero 2015）。关于用心的（mindful）表演与自动的、机械性的表演或者接近于运动控制的自动方面之间的关系，表演与感受（情感因素）、环境特征（如音乐表演中的乐器和音乐本身）以及社会的、文化和规范性的因素之间的关系，都有大量问题被提了出来。根据这些最新研究，专业表演涉及一系列复杂的具身和情境化的认知过程，这些过程不能被还原为自动的或最小的意识形式。

例如，对音乐表演（Schiavio et al. 2017；an der Schyff 2019；an der Schyff & Krueger 2019）和更一般的审美表演（aesthetic performances）（Grant et al. 2019），甚至对宇航员在太空飞行中关于敬畏和惊奇的审美体验（Gallagher et al. 2015），许多这样的研究都得益于现象学访谈技术（phenomenological interview techniques）的使用。的确，这些“第二人称”方法的使用（人们试图利用这些方法去理解他人的第一人称体验）已经成为人们日益感兴趣的话题。其中的一些技术是由弗朗西斯科·瓦雷拉在巴黎的研究团队开发的，并已用于神经科学研究（Petitmengin 2006）。这种访谈法是一种定性研究工具，试图详细捕捉他人的体验，它需要训练，现在被称为“微观现象学”。

现象学精神病学也开发了类似的访谈应用，以描述那些患有精神分裂症、抑郁症、焦虑症等病人的体验（Parnas et al. 2005；Sass et al. 2017）。他们对心理治疗和物理治疗，特别是治疗和表演艺术交叉的临床环境——如运动和舞蹈治疗（Koch，Caldwell & Fuchs 2013）——或身体现象学作为临床推理的一个重要组成部分的临床环境（Röhricht et al. 2014；Øberg et al. 2015）有深入而广泛的研究（Röhricht et al. 2014；Øberg et al . 2015）。

现象学也适用于一组非常不同的问题，即与压迫、种族歧视和社会偏见有关的问题。这样的一些研究可以追溯至弗朗茨·法农（Franz Fanon 1952）的著作，他是来自马提尼克岛（Martinique）的一位哲学家和精神病学家，他对殖民主义提出了批评，其中包括与萨特和梅洛-庞蒂等现象学家的论争。在他最著名的一部著作中，法农以梅洛-庞蒂对身体图式（对知觉和运动控制很重要）的分析为基础，表明这种分析忽略了他所谓的历史-种族图式（historico-racial schema）。作为一个生活在殖民地社会的黑种人，他的体验，包括他移动和体验自己身体的方式，都受到种族偏见的影响，这种偏见经常（或许总是）体现在白种人殖民者的目光、手势和态度上。

类似的分析也可以在女权主义作家身上找到，例如艾瑞丝·玛丽安·扬（Iris Marion Young）在她 1980 年的经典散文《像女孩一样抛球》（*Throwing Like a Girl*）中，把矛头对准了欧文·斯特劳斯（Erwin Straus）和梅洛-庞蒂等现象学家的观点。扬认为，文化，特别是女孩被培养的方式，而非生物学，导致了不同的运动可能性（或不可能性）——也就是说，不同于标准现象学的“我能”概念（胡塞尔）或运动意向（梅洛-庞蒂）。扬也受到了西蒙娜·德·波伏瓦的影响，并提出了一种性别存在的现象学，认为性别是强制的规范性实践的产物。在她看来，她的性别存在现象学是对一切现象学的普遍性主张的矫正。与此同时，她从正面援引了梅洛-庞蒂的观点，即意向性行动的现象学规定了我们在世界之中存在的不同方式。

法农和扬只是日益增加的批判的现象学文献中经常被引用的两个来源。批判的现象学家们的问题是，我们如何用现象学来揭示和探究：不公正的社会安排、种族主义、性别歧视和针对残疾人的态度如何塑造了世界各地许多人的生活（Weiss，Murphy & Salamon 2020）。

我们刚刚讨论的对娴熟的表演和批判的社会-政治问题的研究是现象学最近做出创新贡献的领域。这一事实，连同其在精神病学、治疗和更广泛的医疗实践、神经和认知科学、教育、人工智能等领域的持续应用促成了两个观察结果。第一，现象学作为一项研究计划仍然活跃并且发展良好。第二，通过这些不同的应用，现象学作为一项哲学事业可以不断得到修正。现象学不是简单地重复自己；相反，一如往常，它不断将自己转变为新的思维方式，去思考心灵、世界以及如胡塞尔所说的所有事物本身。

肖恩·加拉格尔

2020 年 5 月 14 日

目　录

导言：现象学的处境

在开始阅读这行文字之前，你可能正在做别的事情。或许你刚刚冲浪 1
回来，正坐在沙滩椅上；或许你刚刚在卢森堡公园找到了一块阴凉地儿，在音乐会开始之前，你有两个小时坐下来看看书，小酌一杯；或许你刚刚沏了一杯茶，正坐在壁炉前的扶手椅上；或许你正坐在一架喷气式客机上，在最新的电子阅读器上读这行文字。无论如何，你发现自己已经处于某物之中，或已经在做某事——拉一把椅子坐下——你现在正在某一个（时间）点上读这些文字。

现象学正起始于此，它带着一个最古老的哲学问题，这个问题也是科学中最现代的问题之一。现象学始于这样一个事实，即，我们，作为必须行动的主体，作为试图对我们所做之事获得一种把握的思想者，总**已经处在**世界之中。正是这一问题使亚里士多德默默接受了一种必然性：在这样的生活中，我们只能过一种次等好的生活，也就是不完美的**实践**生活，因为最好的生活形式，也即自足的沉思生活从来不可能完全获得。我们总是被我们的物理自然的要求和世界的诱惑所干扰。如果我们通过巨大的努力把注意力从食物、性和生存上转移开，尝试去研究我们的理性能力——我们对理性的追求，我们求知的自然倾向（科学与八卦）——那么，我们面对的是这样一个事实：**没有首要事实**（primary facts）；每一个事实之前都有其他事实；每一个事实、每一种理性、每一种思想、每一个意识的实例总已处于某些偶然的情境中。

2 在哲学史中，通常认为，现象学影响了后来存在主义的发展（例如，海德格尔、萨特、加缪等思想家）。这当然是真的。但同样为真的是，现象学的原始动机本身就是一种生存论的动机——我们的生存总已经处于某种情境中，我们的生存具有“被抛性”和“实际性”。这种思想——这种处境——是现象学的开端，也是它的最终归宿。在这种居间状态中，现象学与一切伟大的哲学一样，试图清理出一个空间，找到一个处所，以便能够考察这一身陷其中的处境。就此而言，现象学以一种有趣的方式既取得了成功，也遭遇了失败。它继续如此行事，因为它不只是一段历史或一种传统，而且是某种继续付诸实践的东西。

在本书中，我将对现象学采取一种实践的（pragmatic）进路。我将把焦点集中在作为一种哲学实践和交叉学科实践的现象学上。因此，我的主要目的不是重演作为一种哲学运动的现象学史（尽管我也不会完全忽视这一点）。相反，我要把我的注意力集中在现象学方法和现象学的奠基人胡塞尔（1859—1938）所谓的“事物本身”上——在构成我们**生活世界**的各种情境中，世界被体验的方式。生活世界是现象学的一个基本概念，它与我们总已经处在世界之中这一事实相关，是我们发现自己被牵涉其中的各种处境的集合——它是我们生活的世界，不仅仅是在作为知觉主体的我们面前展开的那个世界，而且同时作为我们的一切行动和互动之有意义背景**已经在那里**起作用的世界。生活世界是我们认为理所当然的世界，而非通过科学研究的世界，或者通过艺术表征的世界。从这种意义上来说，生活世界不是我们当作对象、当作某种不同于我们自己的东西的世界，而是我们生存的一种具体化。

在一个没有第一事实的世界中，有一些因素，它们看似基本，但却构成了我们人的存在方式。让我们把它们叫作“首要事实”，并注意其中一种关于生活世界（并因此而关于我们的生存）的首要事实，这种事实至少
3 可以清除一种对现象学的严重误解。从我们存在的那一刻起，生活世界中就已经充满了他人。在我们有机会思考这一问题之前——在我们有机会进行理论思考、哲学思考或“现象学思考”之前，在我们有机会表明一种立场之前——我们这样行动的能力由在我们出生之前就已经与我们共在的他人所塑造了；在我们能够回应之前，他们就已经在对我们说话了；在我们能够自主行动之前，他们就已经在与我们互动了。这一首要事实和我们对之采取的自然态度——也就是说，我们认为理所当然的态度——规定了现

象学的起点。

如果我们记住这一点，承认我们的体验总已经被主体间性——它使我们不可能获得任何像对哲学思考来说无前提的起点这样的东西——这一基本现象所塑造了，那么我们将避免某些对现象学的误解。这样的误解在于，现象学的实践把我们引向了唯我论，在其中，我们发现自己完全被包裹在了一种反思的和孤独的意识中。显然，事实并非如此。仅当人们把意识（我们对世界的体验）看作世界中的一个对象而非一种对世界的开启（或揭示）时，唯我论才会是一个问题。然而，现象学表明，我们并未被封闭在一些对象中，也不可被还原为一些客观的实存者——大脑，或被看作纯粹物理的物体的有机体，或一套严格的功能关系。正如海德格尔所言，我们在世界之中，作为行动主体介入由实践（pragmatically）和社会所定义的筹划。

现象学，作为某种被实践的东西，作为一种方法和理论，有一个出发点，并朝着一个特定的方向前进。然而，说现象学是一种哲学实践，并不是说它是一种类似佛教徒、瑜伽行者或电影明星所采取的那种生活方式。作为一种哲学实践，它是一种由哲学家在其哲学思考中所采取的进路，而不是在其日常生活中所采取的一种态度。现象学形成了一个开端，朝着一
个特定的方向前进，对它的课题采取某种特定的视角，这意味着，现象学 4
本身并不能对体验给出一种完满的、详尽的解释。例如，它不能对有可能支持体验的某些方面的亚人格（subpersonal）（例如神经元）过程提供因果解释。然而，在这方面，作为一种科学和交叉学科的实践，现象学可以扮演一种生产性的角色。作为一种方法，它不仅被哲学所使用，而且也被许多开展自然主义和质性研究的学科的研究者所使用。然而，近来在非哲学或超哲学语境中对现象学的使用不仅是有争议的，而且正如我将表明的那样，是生产性的——不仅对于科学来说，而且对于现象学的持续的再研究来说，都是生产性的。

有一些这样的争议返回了现象学的开端，返回了促使胡塞尔提出一种方法来反对自然主义和心理主义解释的原始处境。然而，正如我们将会看到的那样，挑战科学主义中的相对主义并不意味着现象学反对自然科学和社会科学的实践。相反，现象学反对科学的还原主义倾向，反对那些有时由这样一些科学家所提出的主张，这些科学家无视在漫长的哲学史中所吸取的那些教训，认为一门科学可以为一切事物提供圆满的和完整的解释。

我们发现，当某一门科学首次出现时，或者当它已经取得了令人瞩目的成功时，它就会提出这样的主张。在这些事物的历史中，经济主义紧随历史主义，而心理主义又紧随经济主义，如此等等。最近的神经学主义常常被看作一种可以解释一切的理论。近来，各种学科——神经美学、神经经济学、神经哲学甚至神经现象学——的神经学化以两种方式进行：在一些情况下，似乎神经科学将统治目标科学（美学、经济学、哲学或现象学，等等）及其主题；在另一些情况下，那些处于危机中的学科有潜力去调节任何关于神经科学能够从它那方面进行解释的东西。不过，还有更宽泛的一些我不想在这里解决的问题。

各章概述

5 在每一章我都会首先概述经典现象学解释中的那些继续对现象学起决定性作用并且与当代问题相关的洞见。然后，我会表明，现象学在实践和科学应用中的最新发展如何有助于摧毁科学中的还原主义倾向，以及如何同时有助于重新定义现象学。因此，多数章节首先从对经典现象学的回顾和评论开始，所谓经典现象学指的是胡塞尔、海德格尔、萨特、梅洛-庞蒂以及其他现象学家在20世纪的那些著述中所阐释的东西。接下来，这些章节转向现象学在更当代的、21世纪的应用，特别是在那些涉及认知的经验研究语境中的应用。[1]

什么是现象学？在第1章，我尝试通过对几种定义的回顾和评论给出对这一问题的回答。由于现象学的版本不止一种，所以答案比较复杂，为此我也提供了理解这种复杂性的一些历史语境。第2章回顾了心理主义的经典讨论，也回顾了现象学作为一项先验事业的概念。这一章也展望了自然化的现象学。在第3章，我呈现了现象学方法的基本要素——悬置、现象学还原和本质变更，我也指出了21世纪的高科技对本质变更方法的一种重新定义（retooling）。

第4章开始深入研究现象学哲学的基本概念。在这一章我表明，意向性概念曾经以及未来如何是理解现象学以及关于意识和心灵本质的一些当代争论的核心的。在第5章我表明，经典现象学中一个非常模糊的概念，也即质素材料（hyletic data）的概念，对于当代关于具身认知和生成认知概念的讨论具有直接而重要的相关性。第6章呈现了胡塞尔对体验之时间结构的经典分析，并引入了基本的、整合的时间尺度与叙事的时间尺度之间的区分，叙事的时间尺度与后几章的分析有关。同时，我也提出了对时间性的一种生成的-现象学的解释。

在最后几章我试图表明，现象学可以帮助我们清理那些与我们的人格 6
体验和人际体验的更具生存论特征的方面有关的问题。在第 7 章，我回顾和评论了现象学关于自身和自身意识的各种理论。然后，我具体地考察了，即使在自身性的其他方面受到干扰的时候，第一人称视角的概念如何能够适用于大量病理学的和实验的情境。第 8 章考察了在叙事尺度上的意向形成和行动概念，并且把这些概念与现象学的生活世界概念关联在了一起。最后一章，也即第 9 章，对在前面几章中反复提到的主体间性概念做了详细论述。关于主体间性的思考与方法问题，与意识、行动和自身的本质有关。然而，主体间性现象学作为与当代关于社会认知的讨论相关的重要主题有其独立性。

【注释】

［1］在这方面，本书提供了一些与近来的其他现象学导论不太一样的东西（e.g.，Moran 2000；Sokolowski 2000），也提供了一些与较老的同名之作——让-弗朗索瓦·利奥塔（Jean-Francois Lyotard）的《现象学》（1991，初版于 1954 年）——相似但却完全不同的东西。利奥塔也关注现象学的经典概念，并试图将其应用于那些当代的重大问题。就利奥塔而言，他的关切是法国的社会和政治思想（尤其是马克思主义），而这些根本不是我这本书的关切。我的注意力集中在那些与心灵哲学和认知科学相关的问题上。对于经典现象学的一个更全面的解说，我隆重推荐德尔默·莫兰（Dermot Moran）的《现象学导论》。

1. 什么是现象学?

1.1 作为复数的现象学

7 什么是现象学？很多著作——包括这一哲学传统中一些重要人物的著作——都讨论了这个问题。我们首先来看一下晚近对现象学的一些定义。

> 现象学是对人类体验的研究，是对事物在这样的体验中，并通过这样的体验将其自身呈现给我们的各种方式的研究。(Sokolowski 2002，2)
>
> 现象学是从第一人称视角对被体验到的意识结构的研究。(Smith 2008)

这些定义大致反映了现象学传统的出发点。被视为现象学运动奠基者的胡塞尔，肯定会接受这些定义。胡塞尔聚焦于意识，把现象学看作一项描述的事业，这项事业将详细说明刻画意识和我们所体验的世界的那些结构。**第一人称视角**意味着现象学家，即意识的研究者，通过经历体验的视角来研究他或她自己的体验。这听起来和内省（introspection）有些相似，但正如我们将会看到的那样，现象学不应被等同于内省主义的心理学（introspectionist psychology）。

> 现象学通常被刻画为一种看的方式而不是一套学说。在一个经典表述中，胡塞尔指出，现象学处理“一切如此显现的东西”，包括一切以其显现的方式、以其显现的如何（how）被意指和被 8
> 思考的东西。（Moran 2002，1）

莫兰的这一说法严格遵循了胡塞尔本人的现象学概念。它是一种**看**（seeing）的方式，而不是一种学说或理论。事实上，现象学的基本方法就是把一切学说或理论——包括科学理论和形而上学理论——放到一边。这种放到一边的做法是现象学方法的一部分。“看的方式”（way of seeing）这个短语可以被写作“看的方法”（method of seeing）——这无疑是一种受到方法论引导的看的方式。因此，一些作者建议现象学最好被定义为一种方法而非一种哲学理论。“一切如此显现的东西”、“显现方式”或者“它的显现”，所有这些说法都是谈论 *phenomena*（现象）的方式，*phenomena* 是一个希腊词，它的意思相当于英语中的 appearances。对于胡塞尔来说，现象学（从字面上来说，指的是关于“现象的科学”）是一种方法，它试图对事物在我们的意识体验中显现的方式给出一种描述。**事物在意识体验中显现的方式**可能完全不同于它们**在实在中**（*in reality*）实际存在的方式。但是，就这一定义而言，现象学家并不关心事物在实在中究竟如何存在；毋宁说，现象学家更关心我们如何体验事物。

为什么我们体验事物的方式要比事物在实在中实际存在的方式更能引起现象学家的兴趣呢？这是现象学给予我们的一个基本洞见。我们唯一能够通达实在中的事物的方式（甚至获得实在中**有**事物这种观念的方式；甚至获得有某种我们称作“实在”的东西这种观念的方式）是**经由**意识。现象学把如下这点看作一个重要事实：一个睁眼看世界的人，是有意识地看世界并获得关于世界的知识的。这既适用于大街上的行人，也适用于实验室里的科学家。即使科学家使用复杂的设备去理解和测量物理过程，她关于这些过程的知识都源于她对这些过程的意识。即便是数学家们也是有意识地进行推理并解决她们的问题的。与洛克和休谟这样的经验论者——他
们宣称一切知识都来源于感觉体验——相似，胡塞尔会说，一切知识都经 9
由意识而来。这就是为什么现象学家认为意识（我们体验事物的方式）比事物在实在中实际存在的方式更有趣的原因。现象学家赋予了意识以一种

认识论上的优先性。

不妨这样来想一想，意识就像我们通往世界的窗户。当然，我们通常只对我们透过那扇窗户所知觉到的事物感兴趣；也许我们着迷于我们在周围所发现的事物。但我们怎么知道透过窗户我们获得了一片美景呢？例如，如果窗户不干净，或者有颜色，或者变形了，那么我们看到的风景会是什么样的呢？如果窗户被设计的方式，或者窗户的结构，无法让我们看见一切我们想看见的东西呢？现象学家建议我们，在研究我们透过窗户看到的事物之前，我们首先应该关注窗户的条件——它是否干净，是否有颜色，是否变形了，或者它的结构如此独特以至于我们只能看到对象的另一面。从这个比喻返回，现象学家认为，理解知识之基础的第一步是去研究意识所施加的条件——尤其是意识的结构特征、意识运作的方式以及可能使意识产生偏见的系统性扭曲。

有一个问题应该是显而易见的。既然要研究意识，我们就必须有意识地这样去做，那么，我们如何能够做到研究意识却不被刻画意识本身的那些可能的偏见或扭曲所束缚？胡塞尔沿着康德所开辟的传统提出了一种**先验**分析。也就是说，他不是通过经验的方法（例如，心理学的方法），而是通过在方法论上把自己置于一种先验的态度来研究意识。我会在第 2 章返回“先验的”这个概念。

目前为止所提到的有关现象学的定义的一个问题在于，现象学不仅仅是我们刚才描述的那个样子，也不仅仅是这些定义所能涵盖的，尽管在某种程度上，（以上这些定义所描述的现象学）就是胡塞尔在 20 世纪初所设想的现象学。然而，很快，其他的一些哲学家就接受了现象学，并开始用
10 它来做不同的事情。最好的例子就是胡塞尔的学生马丁·海德格尔（1889—1976）。海德格尔是这样定义现象学的：

> 现象学是说让人从显现的东西本身那里如它从其本身所显现的那样来看它。这就是取名为现象学的那门研究形式上的意义。（Heidegger 1962，58/34）

通过回顾“现象学”这个词的词源学，海德格尔给出了这个定义。*Phenomenon*，正如前面所指出的那样，意味着某种类似显现或者**显示自身的东西**。*Logos* 意味着某种“让某物被展示”的东西。现象学是一门让

自身显现的东西展示自身的学科。现在你可能认为这并没有让我们走得太远。但事实证明，对于海德格尔来说，自身显现的东西并不是通过意识向我们显现的东西；毋宁说，在某种意义上，它就是**存在**本身。也就是说，海德格尔认为，现象学关注的是存在的意义问题。现象学是存在论。这是令人非常惊讶的，因为人们通常认为存在论是一种形而上学，而按照胡塞尔的现象学概念，形而上学理论要被丢弃一旁。现象学不是形而上学的一种形式。

因此，在现象学很早期的历史中，人们可以发现在现象学的定义上有很显著的差别。更一般地说，当不同的人从事现象学研究时，现象学本身也经历了一些变化。所以，现象学是什么本身是一个开放的问题。的确，谈论**复数的现象学**（phenomenologies）可能更好一些。与其努力找到正确的定义，不如谈谈现象学的历史。事实证明，要想真正理解现象学是什么，我们就必须理解现象学对众多思想家和后来的哲学发展所产生的广泛影响。

1.2 历史背景与前景

一般当指称具有一种哲学同一性的现象学时，人们常常使用“运动”这个词。作为一场运动，它并不是完全统一的。当然，“学派”（school）*11*
这个词在这种意义上显得太强了。然而，一般来说，现象学在其排名中包括许多人。例如，胡塞尔，我们已经提到他是现象学的创始人；海德格尔，胡塞尔最著名的同事。还有一些人，他们与现象学有不同程度的联系，包括马克斯·舍勒（Max Scheler，1874—1928）、卡尔·雅斯贝尔斯（Karl Jaspers，1883—1969）以及汉斯-格奥尔格·伽达默尔（Hans-Georg Gadamer，1900—2002）。也有一些人被认为是现象学谱系的一部分，也就是那些继续发展了现象学的人，包括莫里斯·梅洛-庞蒂（Maurice Merleau-Ponty，1908—1961）、让-保罗·萨特（Jean-Paul Sartre，1905—1980）、西蒙娜·德·波伏瓦（Simone de Beauvoir，1908—1986）、阿伦·古尔维奇（Aron Gurwitsch，1901—1973）、阿尔弗雷德·舒茨（Alfred Schütz，1899—1985）。如果你熟悉其中的任何一个名字，你就会注意到，现象学与解释学（海德格尔与伽达默尔）以及存在主义（梅洛-庞蒂、德·波伏瓦、萨特）有紧密联系。此外，现象学开始溢出哲学的边界，延伸到了精神病学（雅斯贝尔斯）和社会学（舒茨）。它在勒维纳斯、德里达、福柯以及其他后结构主义思想家和现象学的公开批判者的思想中有不同的转变。“大陆”哲学这个更宽泛但却有问题的术语有时被用来涵盖所有这些思想家以及其他人。

下面让我们来考察一个非常简短的相关历史事实的列表，它表明，试图获得现象学历史的全部意义是一件很复杂的工作。

- 现象学的根源之一是哲学家和心理学家弗朗茨·布伦塔诺（Franz Brentano）的思想。1874 年到 1895 年，他在维也纳大学开设了一个研讨班，胡塞尔、迈农（Meinong）、弗洛伊德（Freud）、卡夫卡（Kafka）（小说家）、特瓦尔多夫斯基（Twardowski）（逻辑学家）以及一些格式塔心理学（Gestalt psychology）的创始人，都在不同时期参加过这个研讨班。
- 胡塞尔早期是要被培养为一位数学家的，他曾与克罗内克（L. Kronecker）和魏尔斯特拉斯（C. Weierstrass）一起在柏林大学学习。后来，胡塞尔的现象学对以哥德尔定理而闻名的库尔特·哥德尔（Kurt Gödel）产生了一些影响（见 Føllesdal 1995；Kennedy 2011）。
- 胡塞尔用一种特殊的速记法来进行写作，据说不写东西他
12 就不会思考。他的手稿包括大约 58 000 页的速记稿，在 20 世纪 30 年代被偷运出纳粹德国，保存在比利时鲁汶的胡塞尔档案馆。
- 海德格尔读了布伦塔诺的一本论亚里士多德形而上学中存在之多重含义的书，从此以后便一直不停地思考一个问题：存在的意义问题。
- 海德格尔在完成其博士论文之后，又在弗莱堡大学待了几年，后来成为胡塞尔的助手。1923 年，他获得了马堡大学的教职。20 世纪 20 年代末，当胡塞尔退休时，海德格尔受邀到弗莱堡大学接替胡塞尔的教席。1933 年，海德格尔就任弗莱堡大学校长，而且就在大学禁止退休教授胡塞尔（因为其犹太背景）参加任何大学活动的数日之后，海德格尔加入了纳粹党。
- 20 世纪 30 年代，许多与胡塞尔和海德格尔一起研究现象学的德国现象学家因为纳粹政权而逃离德国，移民到法国或美

国，并影响了这些国家的哲学各个方面。

● 20 世纪哲学以分析哲学与大陆（欧洲）哲学严重对立为特征。现象学属于大陆哲学的范畴。尽管如此，弗雷格（Frege）和维特根斯坦（Wittgenstein）——分析哲学起源中的两个重要人物——都来自欧洲大陆，而胡塞尔深受弗雷格的影响。同属于分析哲学阵营的伯特兰·罗素（Bertrand Russell）在去监狱时带了一本胡塞尔的《逻辑研究》，并在狱中读了此书。甚至在 20 世纪中叶左右，分析哲学家吉尔伯特·赖尔（Gilbert Ryle）评论了海德格尔的《存在与时间》，并在牛津大学讲授了一门有关现象学的课程。赖尔、蒯因（Quine）、艾耶尔（Ayer）、斯特劳森（Strawson）和其他分析哲学家都参加了由梅洛-庞蒂和其他现象学家于 1959 年在巴黎郊外的罗约芒（Royaumont）组织召开的会议，在那次会议上，有一些人（但不多）一致认为，或许分析哲学与现象学并非完全的异类。

● 作为一项研究计划的现象学大约在 1970 年消亡了，但在 20 世纪 90 年代迎来了重生。今天它依然生机勃勃。最后这一点意味着一种挑衅。它可能被认为是一种夸张和过分简化的说法，但是让我粗略地来描绘一下这幅图景吧。 13

1.3 消亡与重生

20 世纪 60 年代，在罗约芒会议后不久，发生了两件事。第一，越来越多的美国学者开始了解现象学（和存在主义），并对这些哲学方法和进路非常热衷。越来越多的哲学家开始发表关于现象学的文章。一个专业的学术协会——现象学和存在主义哲学协会（SPEP，the Society for Phenomenology and Existential Philosophy）于 1962 年在美国成立。这个协会组织会议、教授课程等。

第二，大约在同一时期（20 世纪 60 年代早期），欧洲大陆（尤其是法国）的哲学风貌开始脱离现象学和存在主义。在德国，海德格尔已经拒绝了存在主义并且进入了他晚期的、较少现象学成分的思考。萨特坚定地进入了他的马克思主义阶段。梅洛-庞蒂于 1961 年去世。在法国，结构主义已经风靡一时，紧随其后的是后结构主义。福柯（Foucault）、巴特

(Barthes)、列维-斯特劳斯（Levi-Strauss）以及其他许多人逐渐成名。受现象学研究影响的德里达开始发表他对现象学的批判性解读（解构），其主要目标是胡塞尔和海德格尔。与此同时，尽管海德格尔似乎仍在法国引起了一些关注［他参加了 1955 年在瑟里西拉萨尔（Cerisy-la-Salle）召开的一次会议］，他自己与法国哲学家之间的对话《关于人文主义的书信》（*The Letter on Humanism*，1947）实际上推动了法国思想与现象学的分离。

同时，在美国，对胡塞尔、海德格尔、梅洛-庞蒂以及萨特作品的主流兴趣经久不衰并保持强势直到 20 世纪 70 年代中后期。尽管德里达于 1966 年在约翰·霍普金斯大学做了一次很有影响的演讲，但他的作品直
14 到 20 世纪 70 年代才被译成英文。然而到 20 世纪 80 年代末，许多已经在现象学领域取得学术成果的哲学家正迅速从这一焦点转向后结构主义。尽管在分析哲学方面，美国哲学家经常处于领先地位，但是在一些看起来继承了大陆理论的美国哲学家当中，他们所做的就只是**继承**；而且在这段时期，他们通常会落后于巴黎的潮流引领者将近 20 年的时间。在 20 世纪 80 年代，SPEP 会议依然会涉及一些有关现象学和存在主义的话题，但大多数现象学家都在用后现象学的文本替代《胡塞尔全集》。

然而，即使在现象学还没有被完全抛弃之前，我认为它已经在缓慢地死亡了。例如，要说出一本 1960 年以后出版的重要的现象学著作并不容易。当然，有很多**论述**或**关于**现象学的著作写于 1960 年以后，但大多是评注——解释和评论的二手文献，或者是对胡塞尔和海德格尔的著作进行详细考释的二手文献。到了 1980 年，一个明显的问题浮出水面：是否有人在创新或者原创的意义上研究现象学哲学，还是说现象学已经变成了一种学术性的注释？许多人在转向后结构主义的解构时就开始认为是后者——尽管后结构主义的解构本身似乎包含了更多对现象学文本的批判性注释。因此，哲学界的风尚从对胡塞尔和海德格尔的解释性评论，要么转向对他们的解构，要么转而从解构主义的立场为二者进行辩护。

当然也有一些例外，也就是说，在现象学中出现了一些原创性的著述，但不是很多，而且大部分没有产生重大影响。一个确实产生了重要影响的例外是休伯特·德雷福斯（Hubert Dreyfus）的著作。德雷福斯在 20 世纪 70 年代及之后的写作中，用现象学发展了一种对人工智能的批判。他主要依据的是海德格尔和梅洛-庞蒂的理论，但这是对现象学原理在一

个之前从未被现象学化处理过的研究领域中的一次重要而具有创新意义的应用。还有其他可能的一些例外，它们虽然继续发展了现象学的观念，但 15
由于各种各样的原因，这些例外都没有产生重要的或广泛的影响，这些例外是布拉格的扬·帕托卡（Jan Patočka，1907—1977）和法国的米歇尔·亨利（Michel Henry，1922—2002）。其他深受现象学影响的思想家，如保罗·利科（Paul Ricoeur，1913—2005）和让-吕克·马里翁（Jean-Luc Marion，1946— ）不能被简单地归类为现象学家。

然而，可以有把握地说，在 20 世纪 90 年代，人们对现象学重新产生了兴趣，这一点具体体现在那些表明现象学对于认知科学的发展具有重要贡献的著作中。认知科学，是心灵、大脑与行为的跨学科研究，它是由始于 20 世纪 50 年代的人工智能研究对心理学的影响所推动的。到 20 世纪 70 年代，它已经成了一个有组织的研究项目。虽然德雷福斯曾用现象学去批判人工智能，但直到 20 世纪 90 年代，人们才意识到，通过推动认知科学去考察意识和具身的重要性，现象学实际上可以做出积极的贡献。如果我们考察一下梅洛-庞蒂早在 50 年前就做的工作，那么我们就能很清楚地理解这种联系。20 世纪 40 年代，梅洛-庞蒂已经从格式塔心理学、神经学和发展心理学中汲取了一些重要的洞见，并在他最先发表的两部著作《行为的结构》（*The Structure of Behavior*）与《知觉现象学》（*Phenomenology of Perception*）中把这些洞见与现象学有机地结合在了一起。尽管在 20 世纪 80 年代，就有大量发表的论文积极尝试利用梅洛-庞蒂关于我们对具身认知之理解的洞见，但直到 1991 年，随着瓦雷拉（Varela）、汤普森（Thompson）和罗施（Rosch）共同撰写的《具身心智》（*The Embodied Mind*）的出版，现象学与认知科学的关联才真正得到了清楚的刻画。

我认为现象学与认知科学之间的这种关联象征着现象学的一种重生（rebirth）和转化（re-incarnation）（重新强调具身认知）。一些现象学学者可能认为这种说法是有争议的，但在今天，在 21 世纪的开端，实际而言，这是现象学被使用的最主要方式。显然，这是一种将现象学的洞见运用到那些从一开始就已经定义了现象学的论题之上的方式，这些论题是：
意识、意向性、知觉、认知、行动、主体间性等等。然而，重要的是，这 16
种转化不仅意味着对认知科学的重新思考，也意味着对现象学的重新思考（Gallagher and Varela 2003）。

1.4 一种不同的现象学

如果一个人从一开始就依据计算分析和信息处理，把认知科学看作与行为主义相对立的一种表达，那么他将很难理解现象学如何可能参与到“认知革命”中去。基于这一表述，对认知的科学研究就是要研究亚人格的、非现象学的心灵如何根据一套句法程序来控制离散的符号，以及如何可能用神经学的术语来刻画这一过程。然而，这已经不再是当前认知科学的观点。面对这一观点中隐含的各种问题，认知革命在 20 世纪 80 年代发生了不同转向。这一转向与对神经科学的重新强调和联结主义（connectionism）相对应，联结主义通过引入一种基于非线性动力系统的方法，挑战了流行的计算的正统方法。根据这一表述，至少在某些圈子里，对还原论的强调转向了对涌现（emergence）和自组织（self-organization）观念的强调。问题在于高阶的人格结构是如何从低阶的、亚人格的、自组织的过程中涌现出来的。认知科学的这一命运转变也重新引发了人们对意识和现象学的兴趣。

当前认知科学的特点是，对生态学的-具身的-生成的（ecological-embodied-enactive）方法产生了日益浓厚的兴趣（Chemero 2009；Gallagher 2005；Hutto and Myin，2013；Thompson 2007；Varela，Thompson and Rosch 1991）。受现象学洞见的促动与启发，这些方法认为，认知最好被刻画为从属于具身的、情境化的（situated）、以行动为导向的主体——
17 用海德格尔和梅洛-庞蒂的话说，是世界中的主体。根据对认知科学的这种理解，正如神经科学家及神经心理学家与研究人工智能和机器人学的学者合作一样，现象学家和心灵哲学家也与科学家合作，旨在发展出一种更加丰富、更加全面的认知生活的观点——认知生活不只是心灵生活，而是一个具身的、在生态学上被情境化的（ecologically situated）、生成的主体的生活。

最近对认知科学的重新定义——如果要为现象学留下一席之地的话——就要求我们也以不同的方式来设想现象学。至少我们需要看到，我们可以跨越那些把现象学与科学分隔开来的理论界限，并沿着这些跨越的路线重新绘制现象学的版图。为了勾画出这幅地形图，我们需要去审视那些从一开始定义了现象学的主题，然后用那些基于原本的洞见并修正或扩展了原本的洞见的最新的现象学成果来覆盖这些传统路线。

如果我们想要详细了解如何可能重新构想现象学，以及为什么这是一项困难且有争议的任务，那么我们首先需要理解现象学最初是如何相对于自然主义而被定义的，这个定义排除了什么，以及它使什么成了可能。然后我们需要问，我们是否可以放宽这个定义，或者在不背弃现象学的情况下收回这个定义。这就是下一章的主题。

1.5 延伸阅读

关于现象学的介绍性的参考文献，参见加拉格尔（2011a）。伯奈特、耿宁和马尔巴赫（Bernet，Kern，and Marbach 1993）总结了胡塞尔现象学的主要方面，包括关于数学和逻辑以及科学和生活世界概念的相关材料。瑟伯恩（Cerbone 2006）提供了一个关于现象学的发展历史和一些批判的回应的说明。利奥塔（Lyotard 1991）从马克思主义的角度对现象学提出了一种批判的解释。莫兰（Moran 2000）关于现象学的导论是近来最好的。帕托卡（1996）集中于胡塞尔的逻辑、意识、时间性和具身问题， 18
以及他自己对现象学的重要贡献。施皮格尔伯格（Spiegelberg 1960）提供了一个详尽的历史概述。

2. 自然主义、先验主义和一种新的自然化

2.1 数学与心理学

19 20 世纪 30 年代初，法国哲学家雷蒙·阿隆（Raymond Aron）跟随胡塞尔学习后从德国回国，在巴黎的一家咖啡馆遇见了后来很快成为存在主义者的让-保罗·萨特。在阿隆解释了他从胡塞尔那里学到的东西之后，萨特——正如他自己所说——对如下这一事实备感兴奋：借助现象学，人们可以通过详细描述对一个红酒杯的知觉开始自己的哲学思考。第二年，萨特去了柏林学习，在那里，他更可能用啤酒杯来作为例子。后来在他的主要作品《存在与虚无》（*Being and Nothingness*）中，他确实用红酒杯作为例子来说明身体运动。在巴黎，不论是过去还是现在，人们经常在咖啡馆讨论现象学。

现象学的开端——在胡塞尔曾经工作过的那些普鲁士-奥地利大学的学术环境中[1]——与日常的巴黎咖啡馆相距甚远。现象学的根源可以在 19 世纪末关于数学本质的讨论中找到，也可以在一系列远溯至柏拉图的问题中找到。与柏拉图、笛卡尔、莱布尼茨以及其他许多哲学家一样，胡塞尔也接受过数学训练。他还受到当时新兴的心理学的影响。他曾在莱比锡听过威廉·冯特（Wilhelm Wundt）（最早的实验心理学家之一）的讲座，后来又学习了威廉·詹姆斯（William James）的《心理学原理》（*Principles of*

Psychology）。数学与心理学之间的联系对胡塞尔来说很重要。这促成了他最初的两本著作：《数的概念》（*On the Concept of Number*，1887）和《算术哲学》（*Philosophy of Arithmetic*，1891）。胡塞尔试图在这些著作中 20
表明，数学概念在某种意义上以心理状态为根据，这一立场即是著名的心理主义。根据这一观点，逻辑规律可以被还原为心理规律。胡塞尔不仅最终放弃了这一立场，而且对之进行了严厉的批评。

问题在于，我们是否应该认为数学的和逻辑的规律之所以是可行的，只是因为人类的心灵就是这样的。数学事实“1＋1＝2”或者逻辑的不矛盾律之所以是真的，只是因为我们心灵的结构就是这样的，所以这些概念（“2”的概念或者不矛盾的概念）是有意义的？心理主义的回答是肯定的。这意味着，例如，“1＋1＝2”并不自在地为真，或者逻辑规律并不独立于我们所具有的心灵而为真。另一种思考这一问题的方式是，如果进化（或上帝）以另一种不同的方式设计了我们的心灵（或大脑），那么或许“1＋1”并不等于2。

包括柏拉图在内的一些哲学家可能不同意。柏拉图的观点是，数学的和逻辑的概念与规律具有一种独立于人类心理学（human psychology）的存在。即使人类不存在，“1＋1”仍然等于“2”。即使没有人类，也没有宇宙，不矛盾律可能仍然为真。换言之，不存在一个不矛盾律不为真的宇宙。数学哲学中的争论是复杂的，它涉及认识论与形而上学。“1＋1＝2”这个陈述究竟是一个有其自身存在的永恒真理，还是一个在数学系统中有效的约定，或者是人类思维的产物？幸运的是，我们不必解决这个问题。我们需要考虑的仅仅是：胡塞尔在其早期关于数学的著作中吸收了一种形式的心理主义，但是后来，在19世纪末，他转而采用了一种更加柏拉图式的反心理主义观点。对胡塞尔来说，这几乎像是一种宗教信仰的转变，它形塑了其后来的哲学。正是在反心理主义这个问题上，胡塞尔与戈特洛布・弗雷格建立了联系，后者发表了一篇关于胡塞尔《算数哲学》的评论（1894），批评了他在那本书中的心理主义。关于受逻辑学家伯纳德・博尔 21
查诺（Bernard Bolzano）影响的胡塞尔是否在弗雷格的书评发表之前就已经放弃了心理主义立场这一问题，人们有各种各样的争论，但似乎可以肯定的是，弗雷格在促使胡塞尔向反心理主义的转变中发挥了重要作用。在其第一部重要的哲学著作《逻辑研究》（*Logical Investigations*，1900—1901）中，胡塞尔提出了一个反心理主义的论证（2001a）。在此论证中，胡塞尔与弗雷格的立场相去不远，而且人们可以注意到，在这里根本看不到后来在哲学中发生的分析的-大陆的这种分裂的迹象。

与弗雷格相似，胡塞尔主张一种一般的、作为科学的纯粹逻辑学理论，也即某种可以应用于一切知识的理论。被看作一门理论的科学或者一般的知识，可以被理解为由诸相互关联的命题通过推理关系联结在一起的一个命题系统。此外，研究这类命题系统的最好方法是考察它们的语言表达，即一个表达命题的句子的集合。一个命题有一个确定的意义（meaning）[弗雷格称之为“sense”（德语：*Sinn*）]。命题的意义独立于任何人对此意义的思考，独立于某人对某物的指称或者对某个特定语言表达式的使用。在这种情况下，我们并不**发明**数学的或逻辑的真理，例如，毕达哥拉斯定理；我们只是**发现**它们。命题是抽象的对象，它们的存在独立于它们是否曾在句子中被表达。

胡塞尔认为，当这些意义在句子中被表达时，或者更一般地说，当人类的心灵与这些真理建立起联系时，也即当我们掌握了一个命题的真值时，意义就被体验到了，因此可以通过有意识的直观而被获得。意义在意向行为中被示例，因此对一个反思的（现象学的）描述开放。我们能体验或直观这样的意义，这是现象学的一个出发点，在某种程度上，它是一个与纯粹逻辑分析相断裂的点，而逻辑分析乃是分析哲学的标准。为了简化问题，分析哲学只关注句子；而现象学则将其注意力转向了我们在其中直观意义的意识行为。

2.2 自然主义的解释与先验的解释

22 然而，关键是要明白，当胡塞尔开始谈论意识行为时，包括判断行为，还有知觉、想象、回忆等行为，他不是要带我们返回心理主义。也就是说，他并不认为命题的意义或真**产生**于心理状态或心理行为。毋宁说，他所讨论的是我们获得独立于这些行为之意义的方式。尽管在早期对现象学的刻画中，胡塞尔把它叫作“描述心理学”，但是他后来完全抛弃了“心理学”一词。现象学试图描述我们对意义的体验，但不是通过心理学试图解释这种体验的方式。

依照某些解释，心理学的方法是自然主义的。也就是说，心理学试图对心理过程和心理状态给出因果解释。例如，一个神经心理学家可能会认为，我之所以能记住我的第一辆车的样子，是因为我的大脑以某种特定的方式处理信息。而我的大脑之所以能以某种特定的方式处理信息，是因为它已经以某种特定的方式进化了，而我在我的生活中也已经有了某种特定的体验。在此意义上，心理学是经验的。它关注的是经验事实——例如，大脑如何工作，我的体验是什么，等等——并依此来解释为什么某些特定的心理状态会产生。这是一种自然主义的解释。之所以说它是自然主义的，是因为它没有诉诸任何根本不能依照物理过程加以解释的神秘过程。自然是由物理事件构成的，我们需要解释的一切东西都被包含在自然之中。

然而，数学真理或逻辑法则在这种意义上是不是**自然的**，这一点尚不清楚。即使我们摧毁自然——就像我们似乎正在以越来越快的速度所做的那样，即使所有理性的头脑都停止了运转，不矛盾律可能依然为真。再者，对胡塞尔来说，问题不在于解释这些法则是如何产生的，而在于我们如何能够知道这些法则。这一问题使胡塞尔产生了先验分析的观念。

先验分析的观念是康德在 18 世纪阐明的。先验分析试图揭示知识之 23
可能性的条件。确切地说，康德想揭示心灵在进行认识活动时所使用的范畴。例如，当我知觉到一颗台球撞击另一颗台球时，为什么我会把这一事件知觉为一个因果关系的示例？康德不满意休谟对这个问题的回答。休谟认为，在我们看见这样的事情如此经常地发生之后，我们的想象力仅仅出于习惯（或者说出于懒惰）而捏造出了一种因果关系。实际上，我们看到的只是在一个事件（一颗台球滚动）之后紧跟着第二个事件（第二颗台球滚动）。这就是相继。但是，如果我们经常看到这种特定的相继模式，我们就开始将其称为因果关系。根据经验，我们学会以一种因果的方式看待事物。这是心理主义的一个版本：因果关系实际上只是我们过度想象的产物。康德认为这种立场对科学来说是一种威胁。如果休谟是对的，那么科学就是一种依赖于想象的虚构。为了把科学建立在“坚实的基础”上，康德着手表明，心灵实际上遵循不变的、非习得的、非经验的法则（与逻辑或数学的法则相同），而这样的**先天**法则构成了理性本身。康德是借助他所谓的先验（或“纯粹”）演绎来对此进行说明的。康德及他之后的胡塞尔都使用“纯粹”这个词来表示一种先验的、排除了单纯经验判断的分析。

先验的首先意味着非经验的。从先验的观点来看，我之所以能够看到两个事件之间存在因果关系，不是因为关于我的生活的某些心理事实——不是因为我在此时此地出生，不是因为我有过 x、y 和 z 的经验，不是因为我在布伦塔诺的研讨班上遇见了弗洛伊德，不是因为抑郁，不是因为某人告诉我要以这种方式看世界，也不是因为我学会了以这种方式来看世界，等等——而是因为心灵具有某种特定的结构，它**独立于我的经验**。康德称其为心灵的**先天**结构——心灵“先于”一切经验。事实证明，因果关系是把心灵定义为理性心灵中的一个范畴，它是一切理性心灵的一个普遍的、先验的特征。康德认为，你不能用心理学的、自然的和因果的分析来
24 解释这一事实，因为在这样的解释中，已经预设了诉诸因果关系的可能性。因此，任何此类解释或任何此类科学知识的可能性条件，都只能通过一种非经验的、先验的分析来揭示。

这里需要注意，即使对于康德来说，关于因果关系是否独立于心灵而存在这一问题已经是一种加括号的行为了。这可能是一个不由先验分析来处理的形而上学问题。康德认为，自在世界（自在之物：*Ding-an-sich*）是什么样的，这是不可知的。数学的和自然的法则是适用于经验实在的现象的法则，我们**认识**它们的方式取决于我们心灵的先验结构，但这并不意味着这些法则本身依赖于我们经验的心理层面。

先验分析的基本观点就是这些。心灵能够认识关于世界的事物。心理学通过援引因果关系和经验事实来解释这一事实。先验的问题是：是什么使心灵首先能够援引某种像因果关系这样的东西？胡塞尔效仿了康德的这一先验纲领。但与康德不同的是，胡塞尔认为我们不需要先验演绎。相反，他认为我们实际上可以将自己置于一种先验的立场或态度中，这样我们就能看到心灵（或意识）或我们对世界的体验是如何被构建的。这就是胡塞尔所谓的“直观”（intuition）——我们实际上可以“看到”意识的先验结构。这种直观的看是现象学实践的一条原理，它使事物在我们的体验中呈现出来。在这一语境下，“直观”的意思不是指对事物是如此这般的有一种预感或模糊的感觉。毋宁说，它指的是一种纯粹的看，也即看到事物以一种自明的方式如其所是地存在。直观不涉及推理（即，通过事实 B 从 A 推出 C 的逻辑活动）。直观仅仅意味着看到 C 是如此这般的。现象学是想通过回返的方式考察意识是如何工作的。

在 1911 年出版的《作为严格科学的哲学》（*Philosophy as a Rigorous Science*）一书中，胡塞尔称这种形式的先验现象学是一门严格的科学。在

19 世纪的德国哲学中，“科学”一词具有非常宽泛的含义。它涉及一切探求知识的事业，包括自然科学、人文科学（德语是 *Geisteswissenshaften*， 25
字面意思是“精神科学”），甚至哲学。胡塞尔在广义上使用“科学”一词。他试图使自己与（1）康德（或批判哲学），（2）黑格尔，以及（3）近代的浪漫主义哲学（也就是狄尔泰的历史主义和浪漫主义解释学，及其相对主义的世界观哲学）之间建立起联系。此外，他远离一切实证主义（主张自然科学是唯一有效的知识形式）和自然科学。

需要明确的是，胡塞尔并不反对自然科学的解释。毋宁说，他反对科学**主义**，反对一切都可以得到自然科学解释的实证主义观点。具体来说，胡塞尔认为，不仅意识的自然化，包括意向性的自然化，而且规范以及诸如形式逻辑、数学和观念本质之类的东西的自然化都是错误的。在其反心理主义的论证中，例如，在《逻辑研究》中，他表明，这种极端的自然主义由于把形式逻辑的原理或自然法则还原为了单纯心理-物理的过程，从而破坏了形式逻辑的原理和自然法则，其最终结果便是自己反对自己。简单来说，根据自然主义的极端版本，如果我们的大脑过程在随时间而进化（它们确实在进化），那么未来的自然法则可能会与现在不同。因此，自然法则是相对于处在历史中的认知主体之特定的神经学或心理学构造而存在的。这是胡塞尔想要驳斥的。

虽然胡塞尔明确批判实证主义（科学主义和自然主义），但他并不反对自然科学。实际上，胡塞尔为自然科学而担忧，他担心自然科学没有恰当地理解自身的认识论基础。他想要确保科学和我们关于自然法则的知识有坚实的根基。这曾是康德的担忧（也是在他之前的笛卡尔的担忧）。自然科学的真正基础不在心理学中，也不在相对主义的历史主义中。不过，胡塞尔认为我们不应该回到康德；我们应该推进先验的事业。事实上，对于胡塞尔来说，新的严格的科学，即严格的哲学，就是现象学。

因此，胡塞尔认为，现象学不是一种自然主义的、单纯经验的分析， 26
这样的分析也是现象学所要排除的。更一般地说，这就引出了一个有关哲学与科学关系的长期的争论，而现象学本身也旨在回答这个问题。

> 哲学与自然科学及精神科学的关系问题包括：哲学工作本质上与自然和人类精神相关，它所独有的哲学元素是否要求根本上全新的态度，而这种态度是否反过来又要求根本上独特的目标与

方法？作为结果，哲学工作是否从表面上将我们带入了一个全新的维度，或者，它是否在与经验的自然科学和精神科学相同的水平上行使其职能？——所有这些问题直到今天还充满了争议。(1965，72)

就现象学是先验的而言，它不与经验心理学在同一层面上发挥作用；它更基本，它打开了一个新的先验维度。

胡塞尔不仅接受了为科学奠定坚实的认识论基础的传统关切，还想确定科学或广义的自然主义所能告诉我们的东西的限度。

自然主义是人们发现自然之后作为结果的一种现象……自然被看作时间-空间存在者的一个统一体，这个统一体服从严格的自然法则。自然科学为关于许多事物的严格知识提供担保，随着这种观念在那些不断更新的自然科学中逐步得到实现，自然主义也不断得到壮大……自然科学家倾向于将一切事物都看作自然，正如精神科学家倾向于把一切事物都看作"精神"、看作一种历史的创造。基于同样的理由，二者都倾向于歪曲那些不能以它们自己的方式来看待的东西的意义。因此，单就自然主义者而言，他们只看到自然，而且主要是物理自然。任何东西要么本身是物理的，从而属于物理自然的统一的总体，要么它事实上是心理的，但只不过是作为依附于物理自然的一个变体，充其量是一个次要的"平行的伴随物"。任何东西都属于心理-物理的自然，也就是说，任何东西都明白无误地受严格的自然法则的支配。(1965，79)

27 在胡塞尔看来，心理学作为一门合法的自然科学是一回事；而现象学是另外一回事。心理学认为意识属于自然的人类或者动物有机体。然而，在进行研究和实验时，心理学家已经不可避免地在非常显著的意义上运用了意识，也就是说，他们在进行研究时往往是有意识的。心理学家在对认知和行为采取自然的、第三人称视角来开展他们的具体研究时，并不关心有关意识之**先天**本质的基本哲学问题，尽管他们必须使用意识开展其研究。

意识可能具有某种系统的特征，这一特征将对有意识的主体（包括心理学家）所能认识的东西做出先天的限制，在某种程度上这一限制比心理学家可能用来开展其研究的任何方法或技术都更加基本，但这一观点往往不是心理学家关注的东西。例如，想一想意识的时间结构。根据现象学，意识的时间结构贯穿于所有体验、所有认知过程（包括知觉、记忆、想象、判断和情感等）和所有行动。虽然心理科学长期以来一直研究反应时间、神经过程的时间测定（timing in neuronal processing）、时间流逝的主观体验，以及时间估算等现象，但所有这些研究都使用了客观时间的概念，并试图根据时钟来测量这些现象。甚至在对工作记忆的研究中，研究者提出的问题也只能根据客观时间来回答——多少信息单元，或者多少再现内容可以在意识中保存多久？这些问题定义了对此类现象进行心理学和神经科学研究的本质。然而，无论是心理学，还是神经科学，都不探讨**被体验的**体验之时间本质。现象学的问题差不多是这样的：如果主体能够体验时间的流逝，例如记得刚刚发生了什么、预测将要发生什么、知觉时间性的对象（如旋律、句子、赛马）和任何持存或变化的对象，那么，意识必定是什么样子
的？这个问题标明了胡塞尔时间意识现象学分析的主旨（见第6章）。 28

在一种意义上，先验研究似乎更基本；而在另一种意义上，人们或许认为神经科学的研究同样基本。人们可以这样提出神经科学的问题：如果大脑允许意识有这种时间化的结构，那么大脑必须如何运作？然而，抛开胡塞尔关于现象学之根本特征的论断，问题不应该是关于哪种类型的研究才是更基本的。毋宁说，这是两种无法相互还原的不同种类的研究。因此，现象学家主张要明确区分作为一种先验研究的现象学和作为一门自然科学的心理学或神经科学。正是由于这些原因，一些现象学家认为，将现象学自然化之后，现象学就不再是现象学了；甚至也有人说，谈论一种自然化的现象学是荒谬的（例如，Lawlor 2009）。现象学被定义为在一种先验态度下进行的先验学科。如果一个人采取了自然主义态度，那么他就不是在做现象学。如果一个人忽视了胡塞尔的反自然主义立场，而主张在自然态度下做现象学，那么这也不是现象学。

2.3 新自然主义

现象学家爱德华·马尔巴赫（Eduard Marbach）在其著作《心理表征

与意识》(*Mental Representation and Consciousness*，1993）中描述了现象学与认知科学之间的关系，更确切地说，描述了二者之间关系的缺乏。马尔巴赫关注心理意象（mental imagery）的研究，他认为，在现象学和认知科学各自领域中进行的研究虽然表面上看起来是在研究同一种现象，但实际上是相互脱节的。这两项事业都关注认知，在某些情况下也都关注意识，但二者明显是在不同层面上工作的，所使用的也是不同的认知概念和
29 意识概念。认知科学家和心灵哲学家对意识的解释大部分是基于“非意识的、物理的、控制符号的机器或信息处理器”（Marbach 1993，4）。因此，对于像斯蒂芬·科斯林（Stephen Kosslyn 1980，1984）这样的人来说，心理意象问题的解决方案必须在意识阈值以下的表征中寻找，即，在信息处理和无法为内省所通达的那些功能的层面上寻找。与此相反，马尔巴赫在胡塞尔现象学中的训练引导他在意向性层面上寻求解决方案，特别是，通过一种受到方法论控制的反思的内省，他对意识做出了准确的描述。

对于马尔巴赫而言，主要的问题不是现象学与认知科学之间的关系**是**什么，而是它**应当是**什么。同一问题的不同版本在他的文本背景中相呼应：第一人称解释与第三人称解释之间是（或者应当是）什么关系？人格层面的（意向性的）解释与亚人格层面的解释之间是（或者应当是）什么关系？胡塞尔恰恰将他的现象学方法置于反思能够获得什么（体验、意向意识）和反思不能获得什么（超意向的、亚人格的信息）这一区分上。

在对想象过程的解释上，泽农·皮利西恩（Zenon Pylyshyn）基于对人格体验和亚人格表征的区分，设置了一个普遍的问题：

> 重要的是应该研究想象体验是否能揭示信息处理功能的重要性质，或者这些过程对之起作用的信息的心理表征的重要性质。（1973，3）

接着，皮利西恩概述了现象学与认知科学之间对立关系的一面。

> 但是，我们不必预先假定这种（对体验的）观察能够揭示心理表征的内容。这种观察不仅存在严重的方法论上的危险，而且
> 30 初步来看（prima facie），它也不是对功能表征（即，看作人类信

息处理功能的功能表征）的观察。（1973，3）

对于皮利西恩、科斯林和其他许多人来说，现象学对意识的一种真正科学的解释贡献甚微，甚或毫无贡献。因此，把现象学描述为第一人称科学的丹尼特（Dennett 2001）认为：“第一人称的意识科学是一门没有方法、没有数据、没有结果、没有未来、没有希望的学科。它仍将只是一个幻想。”

与之相反，马尔巴赫认为，只要认知科学没有对它试图解释的对象（即，意识，或者更一般地说，心理生活）给出一种严肃的和受方法论控制的描述，那么它就仍然是盲目的。他指出，如果科斯林的观点是对的，即“一门意象理论应该与意象的可靠的内省报告一致，而且从观念上来说，应该为这些体验提供解释的基础”（1978，223），那么认知科学就需要从比常识或大众心理学更高级的东西中获取其前提。在马尔巴赫看来，现象学为指导认知科学提供了一种必要的、可靠的和系统的反思分析。这意味着对意识的一种现象学研究需要成为认知科学的一部分。

> 我这样说的意思只是：即使我倾向于分享标准的自然主义观点——这是我所采取的观点，依照这种观点，心理之物（包括意识）将最终根据一般的物理属性得到解释，但我并不认为这些**待解释之物**（*explacanda*）全部并且只有在自然主义的研究层面上才能被发现。（Marbach 1993，9）

根据这种观点，在任何特定的分析中，如果认知科学要准确地抓住它想解释的东西，那么它就需要放宽它的边界。在这方面，现象学应该约束认知科学。例如，如果我们要了解哪些大脑活动产生了某种特定的意识状态或者哪些意识活动与某种特定的意识状态相关，那么，我们首先必须提供“能谈论心理之物之真正本质的**基本概念范畴**”（Marbach 1993，9）。这些范畴由对意识体验的现象学反思提供。因此，“为了把真正的科学内 31
容传递给认知心理学和相关的心灵哲学用来规定其对象（即心理现象）的术语/概念，**必须预先对意识的本质进行系统的描述分析……**”（1993，11）。

马尔巴赫的建议选择了两条道路中的其中一条。如果现象学应该约束对心灵的经验研究，那么经验研究也应该约束现象学。然而，如果说认知科学家难以接受现象学的帮助，那么现象学家更难以接受经验科学无论如何都可以约束现象学的观点。毕竟，先验学科与自然主义的经验科学之间的明确区分似乎正是现象学定义的一部分。然而，“相互约束”和现象学自然化的观点已经被其他一些理论家提了出来（Varela，Thompson and Rosch 1991；Varela 1996）。

如果我们将严格的先验现象学看作狭义的现象学概念，那么广义的现象学概念所包含的就不仅仅是在先验计划中所涉及的纯粹描述。然而，以这种更宽泛的方式看待现象学并不“与胡塞尔的整个现象学概念相矛盾”（Lawlor 2009，2）[2]。胡塞尔（1977）暗示过发展一门现象心理学的可能性。这一计划不同于先验现象学，但仍将是在自然态度下从第一人称视角出发对意识的研究。现象学心理学的任务是研究意识，但意识在这里的意思不是作为科学的先验基础和一切意义的可能性条件，而是作为一种现象本身。人们可以在自然态度下做现象学或者**用**现象学，这一观点标志着一种思考现象学的方式，它与胡塞尔最初的计划大相径庭。但这一思想进路显然与胡塞尔本人所持的广义的现象学概念相一致。胡塞尔当然认为先验
32 现象学的成果不应该被科学所忽视，但这些成果可能会通报给自然科学的观点与先验分析的价值并不矛盾。胡塞尔很清楚地指出：“如果放弃先验态度，先验现象学的每一种分析或理论，包括……客观世界之先验构造理论，都能在自然领域中得到发展。”（1960，§57）

首先，我们要注意到，胡塞尔之后的其他现象学家沿着这一方向发展了现象学。例如，古尔维奇、萨特和梅洛-庞蒂，他们每个人都研究了通常被称为现象学心理学的东西。古尔维奇诉诸格式塔心理学、动物研究和发展心理学来支持对各种体验的恰当的现象学描述。例如，如果我们想为如何解决现实世界中的一个问题，或者，在这一语境下，想为一个特定的对象如何能够具有工具的意义，提供现象学的描述，那么我们就能从格式塔心理学家的出色描述中受益：知觉的重组涉及“**对所予情况的重构，即对构成它的事实的重组**”（Gurwitsch 2009，246）。萨特在对想象的现象学考察中依赖的是来自经验心理学的洞见。例如，他向我们介绍了与呈现的语词相关的图像实验，并对这些试图在符号与图像之间做出区分的实验重新做了解释（例如，2004，107ff）。梅洛-庞蒂也以其对现象学、心理学和神经学的整合而闻名。例如，在《知觉现象学》一书中，他大量使用了实验文献和案例研究。在 1950—1952 年索邦大学（以《人文科学与现

象学》为题）的讲座课程中，他讨论了现象学与心理学的“趋同”（convergence），解释了对关系双方的种种误解（2010，317）。梅洛-庞蒂援引萨特对想象的分析，把它作为一个好的例子来说明现象学的（本质）分析如何与心理学相结合。与古尔维奇和萨特一样，他把心理学看作对现象学洞见的一种可能指引，表明“现象学与心理学之间的区分不能被视为一种严格的区分”（2010，329）——当然，他也没有否认这种区分。

用梅洛-庞蒂的话来说，我们在这些案例中看到的是现象学与自然科 33
学（心理学和/或神经科学）的趋同。这不仅仅是结果的趋同。也就是说，这一趋同并不仅仅意味着现象学与心理学在特定主题上得出了相同的结论。的确，在某些情况下，现象学所捍卫的观点与心理学所接受的观点之间存在根本区别。毋宁说，这种趋同关系到现象学如何被运用于心理学和神经科学的研究领域。这是方法论层面的趋同。而且这一趋同并不意味着现象学定义的改变。它也不是对先验现象学的一种威胁。先验的计划仍然是其现象学的计划。然而，我们在胡塞尔的现象学心理学概念中，以及在古尔维奇、萨特、梅洛-庞蒂等人的著作中所发现的是现象学方法的一种实际运用。因此，一些“古典”现象学家已经对现象学能否自然化给出了一种积极的回应。

2.4 运用现象学的一些自然方式

在当代关于现象学如何自然化的若干方案中，我们发现了三种一般的路径。我将在这里简要概述这三种方案，但不会提供每种方案都应得的完全批判性的讨论。我将在下一章对现象学的方法论提供一种更详细的说明。

2.4.1 形式化的现象学

罗伊等人（Roy et al. 1999）提出了一种现象学自然化的进路，这种进路需要把现象学分析的结果翻译为一种能被科学清楚地理解的形式语言，即
数学。我们可以把这一方案称为 CREA 方案，因为它是由巴黎应用认识论 34
研究中心（Centre de Recherche en Epistémologie Appliquée）的一个跨学科研究团队提出的，这个团队的成员包括让·佩蒂托（Jean Petitot）（数学家）、让-米歇尔·罗伊（Jean-Michel Roy）（哲学家）、伯纳德·帕舒

(Bernard Pachoud)（精神病学家）以及已故的弗朗西斯科·瓦雷拉（神经生物学家）。他们写道："我们的一般观点是……任何种类的现象学描述，如果它们可以被数学化的话，那么只能在被整合到自然科学的一般框架的意义上被自然化。我们把数学化视为自然化的一个关键工具……"(Roy et al. 1999，42)

我们可以认为这一方案建立在马尔巴赫（1993）的工作之上，因为他曾建议为现象学建立一种形式的符号语言。一个重要的问题是，捕捉那些被现象学所描述的鲜活的体验对数学来说是否可能。当然，对鲜活的体验的描述已经涉及用语言来表达这些体验了。还需要再进一步把那些口头描述或书面描述形式化。这是一种可以用来澄清语词意义和促进科学交流的策略。正如马尔巴赫（1993；2010）所言，语言的形式化可以提高主体间表达可共享意义的可能性。正如在科学中，术语问题是通过使用像那些在数学中发现的形式化的语言系统来解决的。因此，马尔巴赫试图开发一种形式化的符号来表达现象学的发现，这些发现不仅与体验的内容有关，而且与体验的结构有关。

例如，胡塞尔对情景记忆的分析表明，情景记忆涉及对先前知觉的重演（re-enactment）。他依据的是现象学的"再现/再当下化"（re-presentation/*Vergegenwärtigung*）概念；这个概念的字面意思是"使某物再次呈现"。然而，知觉是对当下呈现之物的意向性指涉，因而是一种"呈现"(presentation）活动，但记忆则指的是某个不在场的东西。然而，甚至对某个不在场之物的意向性指涉，也需要一种呈现活动，在这一呈现活动中，对那个不在场之物的指涉就变得"好像"它在知觉中被给予了我一样（Marbach 1993，61）。这种"好像"是再现的变样（re-presentational
35 modification）。马尔巴赫遵循胡塞尔本人关于形式符号的方案[3]，试图使再现（re-presentation）的结构更加清晰。

设"(PER) x"表示知觉某个对象 x 的行为。对 x 的回忆包含(PER) x，它（回忆）不是一个实际的、当下的知觉行为，而是对过去的一个知觉的重演。如果用符号表示的话，圆括号就变成了方括号：[PER] x。此外，信念的一个元素（用 ** 表示）区分了回忆中的重演（reenactment）和想象的实行（enactment）。换言之，情景记忆与想象不同，它包含一种信念，即过去我确实知觉过 x。设"p"表示对 x 的知觉在过去而不是在未来（以区别于预期）。因此，马尔巴赫试图通过下面的公式来捕捉一个情景记忆行为的结构：

(REP p** [PER]) x

这表示，对 x 的"再现"是通过"对 x 的知觉发生的，这个 x 被赋予了这样的信念，即它确实已经在过去发生过了"。

事情变得越来越复杂了（见 Marbach 2010），但如果它能清楚地表明意识的复杂性以及通过现象学反思所给出的对这一复杂性的解释，那么构建这种符号的优点就应该是显而易见的。这样一个假设——在适当的抽象层次上，现象学与神经学的符号将被证明是一致的——直接导向了由罗伊等人（1999）提出的 CREA 方案。[4] 据称，数学是形式的因而也是中立的语言，通过它我们既能陈述第一人称的结果（现象学反思的结果），也能陈述第三人称的结果（自然科学的结果）。具体说来，CREA 方案表明，一门足够复杂的数学，尤其是动力系统的数学，能够有助于现象学和自然主义领域的数据翻译。在瓦雷拉（1996）的神经现象学方案中，我们能看到一个很好的例子，即，现象学、实验脑科学和动力系统理论如何能够以在一个新方向上推动认知科学的方式被整合在一起。[5]

2.4.2 神经现象学

神经现象学的目的是把对体验的现象学研究融合进对意识的神经科学研究。神经现象学尤其关注意识体验和大脑活动的时间动力学（Thompson, Lutz and Cosmelli 2005）。瓦雷拉以下述方式阐述了神经现象学的"工作假设"："对体验结构的现象学解释和认知科学解释是通过相互约束（reciprocal constraints）把彼此关联在一起的"（1996，343）。"相互约束"的意思是：现象学的分析有助于引导和塑造对意识的科学研究，而科学发现反过来又有助于引导和塑造现象学的研究。该进路的一个重要特点是，动力系统理论可以作为现象学与神经科学的中介。因此，我们可以区分这一路径的三个方面： 36

1. 对鲜活体验的不变的、绝对的结构特征之现象学解释；
2. 用形式的动力路径模拟这些结构的常项；以及，
3. 对大脑中大规模整合过程的神经生理学测量。

在继续讨论之前，我先谈谈动力系统理论，因为它将在下文中不断被提到。一个动力系统的行为不能根据其独立成分的行为来解释，也不能根据一种分析来解释，这种分析集中于它的各个部分在一个孤立的时刻内共时的或静态的或纯粹机械的相互作用。在非动力的或静态的模型中，时间只是机械系统在其中运作的一个媒介；而在动力系统中，时间内在于系统的运作中。动力系统的各个部分不以线性的方式相互作用；相反，它们以非线性的方式相互作用，它们相互规定对方的行为。这涉及一个自组织的
37 过程，在此过程中，各个部分在一段时间内保持动力上的相互协调。因此，在对体验的解释中，神经现象学认为，在动力的协调中，大脑中的各种过程、身体和环境在时间上是耦合的。

在神经现象学中，相互约束的观念不仅意味着主体积极参与对特定体验常项的形成和描述、神经科学家在分析和解释生理学材料时受到了这些第一人称材料的引导，而且意味着这些在现象学上被丰富的神经科学分析促进了对现象学解释的修正和改进，同时，也有助于主体觉知到他或她的心理生活中以前无法通达或者从现象上无法获得的方面。我们可以在对癫痫病（Le Van Quyen and Petitmengin 2002）和疼痛（Price，Barrell and Rainville 2002）的神经现象学研究中找到这样的例子。

正如瓦雷拉（1996）建议的那样，神经现象学包括用现象学方法训练实验对象。也就是说，受试者将进行现象学反思并形成对其自身体验的描述，然后，这些描述可能被用来在实验性的测试中帮助做出回应。由于神经现象学在实验室的实践需要训练受试者运用现象学方法，所以我们将在下一章更详细地讨论这种进路。

2.4.3 前载现象学

将现象学与实验认知科学相结合的进路被称为“前载现象学”（front-loaded phenomenology）（Gallagher 2003；Gallagher and Brøsted Sørensen 2006）。在“前载现象学”可以利用神经现象学的实验成果这一意义上，这种进路与神经现象学密切相关。前载的方案既不从经验结果开始（CREA 的方案），也不从受试者的训练开始（神经现象学的方案），而
38 是从实验设计开始。它的观点是把现象学的洞见融入实验的设计中，也就是说，让现象学分析中形成的洞见影响实验的设置方式。现象学的洞见可能来自胡塞尔式的先验研究，或者来自神经现象学的实验，或者来自更具

经验导向的现象学分析，例如在梅洛-庞蒂（1962）那里发现的那样。前载现象学并不意味着预设或者自动接受由他人获得的现象学结果。相反，它要测试那些结果，更一般地说，它包含一种在以前从现象学中获得的洞见与（出于特定的实验或经验研究的目的）规定或扩展这些洞见的初步试验之间的辩证运动。

人们可以将现象学的洞见融入实验方案而无需在方法上训练受试者的这种想法并不意味着是对神经现象学进路的一种拒斥。不过，前载现象学可以解决在神经现象学的程序中牵涉训练的某种限制。具体说来，不是每个实验都能被设计得可以用现象学方法来训练受试者。例如，在某些情况下，实验人员希望受试者对所测试的东西一无所知。在另一些情况下，实验人员可能会测试那些没有能力遵循现象学方法的受试者（例如，幼儿或有特定病状的受试者）。在这些情况下，仍然可以使用前载技术。

实验的设计总是基于一些概念、对比或区分。这些观念大多来自以前的实验。但是如果将这些观念追溯到足够远的地方，我们就会发现，其中的一些概念和区分基于以前所使用的一些概念，而这些概念本身又源于大众心理学、我们日常的自然态度或不同的哲学传统。就此而言，实验者对实验设计的控制可能比他们认为的要少。潜存于背景中的特定理论可能已经引入了某些偏见，而这些偏见正在影响从实验中得出的结论。如果纳入实验的概念和区分来自细致的现象学分析，而且它们更贴近于经验而更少 39
受已有理论影响的话，那么科学家就对实验获得了某种程度的控制。

将现象学的材料、方法和洞见整合到认知科学（包括心理学和神经科学）的自然科学实验中，而不涉及自然主义的还原论，在此意义上，也有一些可以将现象学自然化的方式。实际上，使这种整合成为可能的最直接有效的方式之一是让现象学家与心理学家、神经科学家一起工作。这可能就是丹·扎哈维（Dan Zahavi）写下下面这段话时的想法：

> 将现象学自然化可能只是一个让现象学与经验科学进行富有成效的交流与合作的问题。现象学研究的现象是自然的一部分，因而也接受经验的研究。由于现象学关注这样的现象，所以它应该了解现有的最佳科学知识。(Zahavi 2010 ，8)

现象学不直接处理亚人格机制或因果因子的问题。然而，现象学至少能够通过为意识和认知研究中的那些**待解释的东西**（*explicanda*）提供一些个人层面的**描述**，从而为这些研究提供一些洞见。此外，现象学（例如在古尔维奇和梅洛-庞蒂的著作中）总是向精神病理学、神经病理学、发展心理学、认知心理学和神经科学等学科学习，这是一个历史事实。在相互启发的过程中，这种影响是双向的（Gallagher 1997）。

不过，“相互启发”是一种相对温和的说法。一种更激进的方案可能是去追寻梅洛-庞蒂（1963）所谓的“自然主义的真理”和这样一种观念，即“可能有必要以这种方式来重新定义先验哲学以便把它与实在的现象整合起来”。这里的自然主义“真理”不是胡塞尔警告的那种自然主义，而是与重新定义的现象学相关联的、一种重新被定义的非还原主义的自然主义。

2.5 延伸阅读

40 加拉格尔和史密金（Gallagher and Schmicking 2010）提供了一本论文集，这本论文集考察现象学与认知科学之间的关系，其中包括一篇马尔巴赫论形式化的现象学符号的文章。马尔巴赫（1993）引入了形式化的现象学符号的观念，并回顾了现象学与认知科学之间的关系。莫汉蒂（Mohanty 1989）从分析哲学的角度对胡塞尔的先验现象学做了解释。佩蒂托等人（Petitot et al. 1999）出版了一本探讨现象学自然化的论文集。扎哈维（Zahavi 2012）出版了一本探讨各种现象学论题的论文集。

【注释】

[1] 尽管胡塞尔于1878—1880年在柏林研究数学，但当萨特在柏林研究现象学时，他却不在柏林，而且萨特从未与胡塞尔谋面。胡塞尔关于现象学的思想可能是在他于1881年入读维也纳大学攻读数学博士学位并开始参加布伦塔诺的讲座时产生的。根据布伦塔诺的建议，他后来于1886年赴哈勒大学师从心理学家卡尔·施图姆夫（Karl Stumpf）学习。

[2] 与此相似，参见德·普里斯特（De Preester 2002），他认为，如果现象学接受了认知科学关于像计算主义和表征问题的假设的话，那么它就自我解构了。“一种自然化的现象学不再是现象学”（De Preester 2002，645）。然而，如果我们对埃德尔曼（Edelman）的问题假设了一个肯定的回答，那么这可能是唯一的情况：“一门新的现象学——有可能完全避免了有利于计算原理的先验主义的现象学——可能吗?”问

题实际上走向了另一个方向。也就是说，现象学之被引入认知科学已经批判地挑战了认知科学的基本假设，包括计算主义、自然和自然主义的概念，并且促使认知科学持有了一种与胡塞尔和梅洛-庞蒂关于意向性、主体间性、行动和具身的观点相一致的观点。参见 Gallagher and Varela（2003）；Thompson（2007）；Varela，Thompson and Rosch（1991）。

[3] 参见 Husserl 2001，第五沉思，§39，以及 Husserl 2005，Text No. 14（1911—1912）：363-377；Marbach 2010；Yoshimi 2007。Marbach 2010 也提到了与弗雷格的《概念文字》（*Begriffsschrift*）的联系。

[4] 我们注意到，胡塞尔本人作为一位训练有素的数学家，认为数学公式无法捕捉现象学的结果。“人们在哲学中下定义不能像在数学中那样；在这方面，任何对数学程序的模仿都不仅是无用的，而且是错误的，并且会造成有害的结果”（Husserl 1982，9）。然而，罗伊等人（Roy et al.）认为，即使这种观点适用于胡塞尔时代的数学，但动力系统理论的发展确实在这方面提供了新的可能性（1999，43）。相关的批判性评论，参见 Zahavi（2004）。

[5] 正如瓦雷拉在对时间意识的动力分析（Varela 1999）中所做的那样，让·佩蒂托也在他对空间知觉的分析中提供了这种进路的一些好例子（Petitot 1999；2008）。

3. 现象学方法及其重新定义

3.1 自然态度

41 如前章所述，现象学始于对意识的先验分析而非自然主义分析。那么，如何进行先验分析呢？胡塞尔认为我们需要转变态度，具体而言，就是从他所谓的自然态度转变为现象学态度。

我们对自然态度尽管不甚了解，但并不陌生。自然态度仅仅意味着将我们认为理所当然的一切都视为理所当然的。例如，在大多数情况下，我们以为自己生活在一个实在世界中——环围着我们的世界是实在的。我们甚至没有想到这一点（除非我们在上哲学课时，或产生了奇怪的体验，如幻觉时）。通常，我们只是认为周围的物体是实在的。这是一种非常务实的态度；也许从进化论上来说，这对我们的生存是必要的。假如我们在树林中散步，遇到了一头熊，如果我们突然从形而上学上开始怀疑眼前的这头动物是否实际存在的话，那么这未必是一件好事。因此，对我们而言，持自然态度是很自然的。为此，胡塞尔说：

> 每一个自我都“知道”，都毫不怀疑，以直接直观方式被设定为在此存在的这个环境，只是总体环境的一个被直观到的片
> 42 段，在无限的（欧几里得）空间中的诸事物继续存在；同样，它

> 也知道，此在之现实地被记起的这个时间片段只是无限的此在链条上的一个片段，这一链条正如它一方面向前伸展到无限的将来一样，另一方面向后回溯到无限的过去。……就诸事物之一切事物-属性而言，就其运动与静止而言，就其性质上的变化与不变等而言，这对诸事物都适用。……它知道自己有时能正确地下判断，有时会犯错误，偶尔陷入怀疑和困惑，偶尔又逼近清楚的确信。但是它也知道或者它相信，尽管如此……这个在此存在的世界仍然是存在的，它自己就在这个世界之中，等等。(Husserl 2006，3)

我们以自然态度从事各种各样的活动：休闲、工作、经商、纳税、访友、爱我们的伴侣、抚养子女、上课、研究科学，等等。作为科学家，我们在实验室里采取自然态度；作为企业高管，我们在公司的办公室里采取自然态度；作为家庭成员，我们在家里采取自然态度；等等。我们可能拥有许多专业的体验或专门的思维方式。如在进行科学研究时，我们首先考虑的是物体的分子或原子结构，这似乎是一种朝向周围世界的不同态度。或者，如果是商人，我们会从经济核算的角度看待事物，这也是一种不同寻常的态度。即便如此，这些态度都是更一般的自然态度的变样，而且都以自然态度为前提。科学家驾车去她的实验室，停车等红灯，等等。她认为试管是用玻璃制成的，当她晚上回家后，这些试管仍然存在。科学和商业等活动涉及一些我们或多或少都相信的理论或实践，但它们也相信自然态度的最一般的论题——有一个我们生活于其中的世界。存在于自然态度中，正是我们日常生活的特点。

沉浸在或处身于自然态度中，恰恰是哲学家采取另一种态度的动
机。也就是说，如果我们想要从一个批判的视角来观照自然态度的运作 43
方式——因此也关照我们的日常生活方式——的话，那么我们就需要实行态度的转变。对现象学家而言，这并不意味着摒弃自然态度，或置之不理，而是意味着把它置于括号中。

3.2 悬置

胡塞尔告诉我们的第一种方法是从现象学视角观照自然态度的第一步。依照他的解释，他希望我们悬置自然态度，与之脱离。如果我们将自然态度

视为各种信念、判断、观点或关于事物如何运作的理论的集合——这些理论要么是科学理论，要么是通俗的民间（常识）理论，那么进入现象学态度的第一步就是将这些信念、判断、观点或理论置于括号中。这意味着悬置我们的信念和判断，让我们的观点和理论失效。悬置判断并不意味着怀疑，而只是将判断搁置一旁。这包括最基本的判断：世界存在，而且是实在的。悬置自然态度并不意味着我们应该开始相信世界并**不**存在，而是说要把一切关于世界存在或不存在的信念搁置一旁。胡塞尔将这第一步称为 *epoché*（希腊词，意为悬置信念——把事物放在引号中或括号中，读作“ep-okay”）。

好吧，让我们来试一试。假设你正坐着读这本书，或者正盯着你的电脑屏幕。假设你面前的桌子上不仅有书或电脑，还有其他东西。也许那个东西是你的电脑鼠标，也许是你养的宠物鼠；也许它是一个苹果（一种水果，而不是苹果电脑）。这个物体是什么并不重要。我们只想用它做个实验。我会假设那是一个苹果，不过，我要再次强调的是，它可以是任何一个碰巧放在那儿的东西。现在，仅仅悬置你认为它存在的信念。所以，不要再相信苹果存在——你悬置了关于其形而上学实在性的判断。这并不意味着你开始相信苹果**不**在那儿，而是意味着你对苹果的存在或不存在不再
44 持有任何信念。一旦你这样做了，你还剩下什么？实际上，尽管你已经悬置了你对苹果存在的信念，但苹果哪儿都没去；你仍然看见苹果在那儿——就在你悬置你的信念之前它曾在的那个地方。你能描述一下它看上去是什么样子吗？可以，因为它仍然是你体验过的那个东西。悬置要求悬置你关于它的一切信念——它是一个苹果，它存在，它不存在，它有重量，它是一种好吃的东西，它放久了会腐烂，它有密度，是可以咬着吃的东西，等等。甚至当你悬置了所有这些观点时，那个苹果仍然在你面前，你可以描述它是如何在你的体验中显现的。现象学家把这个未被悬置掉的东西叫作现象学剩余。它就是在你实行了悬置之后留下来的东西。

相应地，通过悬置，你也让所有的理论都失效了。例如，苹果是由分子或原子构成的，或者最终是由数十亿的粒子构成的。同样，如果你拿起苹果再松开手后，它就会因重力而下落。所有这些理论都试图从科学的角度来解释物体。但科学在这里被悬置了。形而上学也被悬置了。苹果存在吗？它是由原子构成的吗？它有分子结构吗？作为一位现象学家，我不但不知道，我甚至都不关心这些问题。因为它们不是我想处理的问题。

那么，作为一位现象学家，什么才是我关心的呢？我为什么要实行悬

置？答案可以追溯到胡塞尔实践现象学的其中一个动因上。请记住，他有一个认识论的关切，即确保知识，包括科学知识，建立在坚实的基础上。由于意识是我们认识一切事物的唯一途径，所以我们必须理解意识是如何运作的。悬置的方法是获得这种理解的第一步。我们的悬置不仅关于苹果，而且关于桌子上的一切东西、周围世界中的一切事物、关于世界本身的一切形而上学判断和科学判断。但悬置的结果并非什么都没有给我们留下——它给我们留下了对世界的持续体验。也就是说，它给我们留下了对世界的意识。

你可以把这种悬置的方法看作笛卡尔《第一哲学沉思》中所发现的那种怀疑方法的变样。笛卡尔从怀疑一切开始。他并不确定是否可以信赖自 45
己的知觉或理性；他有可能只是在虚构这个世界；或者可能有一个恶魔使他相信有一个世界存在，而实际上却没有。他对这种或那种方法都不确信。但他发现有一样东西是他不能怀疑的。那就是他在怀疑这件事情，怀疑是思维的一种形式。即使恶魔欺骗他让他以为自己在思考，他仍然在思考。因此，他无法怀疑的一件事情便是 Cogito——“我思”。

大体说来，胡塞尔追随笛卡尔的脚步到这里就停止了。对于胡塞尔来说，**我思**就是意识。它是他无法悬置或放在括号中的东西。但重要的是，他并未继续跟着笛卡尔往下走。因为笛卡尔在下一步——至少根据一种解释——使用逻辑推理说出了 *ergo sum*（我在）——我思，所以，我存在。也就是说，他使用了逻辑，陷入了一种形而上学论证。相反，胡塞尔仍然坚持我思（cogito）——意识这一单纯的事实。但是，结果证明，即使在悬置中，即使当我们所拥有的一切都只不过是意识时，我们也还有其他东西。意识必定是关于某物的意识（也就是说，意识具有意向性的特征），这个某物不会仅仅因为我们把它放在括号中就消失了。尽管悬置使我们悬置了对眼前这个苹果的所有信念和判断，但苹果依然在我面前——也就是说，我仍然意识到了那个苹果。即便我悬置了对整个世界和整个宇宙的所有信念和判断，我也仍然拥有对我身处其中的这个世界的所有体验。这使我们有能力做现象学，因为现象学就始于对这个**被体验的**世界的描述。

这个被体验的世界正是知识的起点。例如，假设我是一个研究蝙蝠的科学家，你可能会问我：“你究竟是研究什么的？”我说：“我研究蝙蝠。”你可能会接着问：“你说的蝙蝠究竟是什么东西？”现在，作为科学家，我可能不禁想给你一个关于蝙蝠的科学定义——这个定义依赖于某些动物学的范畴（例如，翼手目大蝙蝠亚目，抑或是小蝙蝠亚目）。但这已然是某 46

种动物学理论的产物了。你可能会回应说：“别提什么动物学理论了，我只想知道你所说的蝙蝠是什么意思？如果我见到蝙蝠我怎么能认出它来？”当然，我会用通俗的知识说：“我相信你之前已经见过蝙蝠了。大家都知道蝙蝠是什么。”这也许为真（也可能为假）。但你这个现象学家却奇怪地坚持要我给你一个什么是蝙蝠的清楚的观念。无奈之下，我可能得抓一只蝙蝠拿给你看，说这就是我在研究的那个东西。“这就是蝙蝠。注意它的两翼和两翼的形状。注意它的啮齿类动物的身体。”

此时我们应该更接近胡塞尔内心的想法了。一切科学都始于我们对世界的意识。因此，我们**究竟**看到了什么、听到了什么、感受到了什么、知觉到了什么？不论这些东西是什么，在没有科学理论、常识的信念、观点、假设、前提等的干涉下，意识就是起点，是一切更深刻的认识的基础。甚至在我们说蝙蝠确实存在，它们有如此这般的性质等之前，只有那种体验才是我们可以用来说蝙蝠是什么的最初的证据，但是，想一想，我们之所以想这么做，可能不仅仅是为了蝙蝠，为了我们周围的任何一个对象或事物，而是为了对象本身的观念，为了世界，为了体验。意识本身——我们进行体验的方式——也能变成现象学分析的目标。

> 因此，我们仿佛能够割断体验与一切事物性此在之间的经验联系，而这并不荒谬。我们实行某种**现象学的划分**（*distinctio phaenomenologica*）。这种划分应该意味着什么呢？这应该是一种什么样的分割呢？下面这种情况难道不是真的吗，即这些体验是进行体验的人的体验，因此有与身体的联系，并被纳入自然之中？我对此能有什么改变吗？确实，情况就是这样。但是我们确实能够就其本身考察体验，而无需在其经验的关联中考察它。我们能够在下面这种意义上排除一切自然的设定（有关自然之此在的设
> 47 定），即在我们从事科学探讨时，在这些探讨中，我们根本不使用任何关于自然的设定，并因此保持自然之设定有效，不论自然、精神的-身体的世界究竟是存在还是不存在。（Husserl 2006，36）①

---

① 加拉格尔的英译本引文与胡塞尔的德语原文不完全一致，译者在这里以德语原文为准。德语原文参见：Edmund Husserl，*Zur Phänomenologie der Intersubjektivität*，erster Teil：1905—1920，hrsg. von Iso Kern，Den Haag：Martinus Nijhoff，1973，s. 144；中译文参见胡塞尔：《共主观性的现象学》第一卷（1905—1920），王炳文译，北京：商务印书馆，2018，第 200 页。——译者注

3.3 现象学还原

现象学方法的第二步通常被称为现象学还原（phenomenological reduction，PR），尽管这个提法有时用来指包括悬置在内的整个过程。现象学还原仅意味着我们将注意力转向了如其所是地显现给我们的现象。通过悬置，我们不再对形而上学问题或因果问题感兴趣；现在，我们认为我们所体验到的东西正像我们体验它时的那个样子。我们的关注点转向了这样一个问题，即，我们是如何体验的，而事物又是如何在体验中显现的。在此基础上，我们只描述我们体验到的东西。如此一来，我们所体验的东西就有点复杂了。例如，我们的体验本身可能会因事而异。在一种情况下，我可能清楚地看到了物体；而在另一种情况下，我可能体验到了疼痛（如头痛），但并没有清楚地看到物体。重要的是去描述我看见了什么，以及我是如何看见的。

你所看到的东西——即便只是像你面前桌上的苹果这样的小东西——也许多少都会有点儿复杂。例如，在你对这个苹果的视觉体验中，你会注意到你看见了一种复杂的颜色——它是红色的，但表面上分布着深浅不一的红色。也许苹果不在明亮的光线中，因此有阴影落在它的表面。不过，尽管由于阴影造成了苹果表面的色差，但它的颜色看起来差不多还是一致的。同样，就苹果的形状来说，也有一些东西可以描述。但需要注意的是，你不可能一下子看到整个苹果，你看到的始终是它的侧面。非常令人惊奇的是，即使你看不到苹果的内部，但你仍然知道它有（而且必须有）内在的东西（例如，果肉、果核）。此外，即使你看不到苹果的另一面，你也知道它是有另一面的。有时，你看到这一面就看不到另一面了。当然，你还可以改变苹果或自己的位置，这样就能看得更全面一些。但这儿似乎有一条规则：你一次只能看到一个侧面，尽管你是把苹果作为一个整 48
体来看的，但你始终不可能同时（或一下子）看到它的全貌。你还可以通过触摸或品尝的方式来了解这个苹果。即使你闭上眼睛，你仍然可以描述你通过触摸和把玩这个苹果所获知的东西。或者，你可以咬上一口，试着描述一下你尝到的味道。不过，这样的探索只指向苹果未被完整地知觉的其他那些方式。

在所有这些体验活动中，你所关心的都只是你体验到的那个苹果。此外，你无意给出一种理论解释；你所感兴趣的只是一种纯粹的描述。不过，这里所谓的纯粹不是先验意义上的纯粹，因此这里的纯粹的描述也不是“纯粹”的先验描述。由于你的描述依赖于你的知觉器官——你描述的是这个东西感觉起来是什么样的，看上去是什么样的，等等，因此，你的描述实际上似乎是一种经验的描述。那么，我们是如何把这种经验的描述变成一项先验的事业的呢？

有些现象学家谈到了**先验还原**，这是把现象学还原拉到了另一个层次上。但我们首先需要注意的是，我们所描述的东西不是苹果本身。毋宁说，我们在描述我们对苹果的活生生的体验。为了维护悬置的有效性，我们必须很小心地说，并非苹果是红色的，而是我把苹果体验为红色的；因此，在现象学还原中，我不说苹果**是**红色的，而说苹果**显现为**红色的。这种对苹果（或其他任何东西）的体验有其自身的存在，而且它以一种特定的方式存在。在对苹果的体验中，苹果是从一个特定的视角显现的。这是体验的一个特点，而不是苹果的特点。每一个体验对苹果的呈现都是不完整的，这是我们体验事物的方式的一个本质特征。

尽管事实是知觉的对象从来都不会被完整地知觉，但我们可以就体验本身给出一些不同的说法。我们能说人的体验本身是完整地被给予的吗？至少根据胡塞尔 1913 年的《观念》（*Ideas*），体验不是在各种侧显中被给予的，而是以一种绝对的方式被给予的（Husserl 1982）。对于体验本身来说，没有我无法达到的其他侧面。在对自身的体验中，它是绝对完整的。当我们关注体验本身时——这是对我们体验世界的方式的一种关注——我们开始把握到体验的某些特定方面，而这些方面是不能先验地被思考的。
49 这里有某个先天的方面限制了我们的一切视觉，也就是说，我们的视觉始终需要一个视角，而视角限制了一切对象向我们显现的方式。这是在我们对世界的视觉体验中普遍存在的一个事实。此外，我们是通过现象学的直观认识到这一点的，现象学的直观意味着我们无需推理就知道实际情况是这样的，因为体验本身是绝对地被给予的。然而，我们应该加一个限定条件，因为我们开始注意到，既然连体验也需要时间，那么它就不是如此绝对地或完整地被给予的。当部分体验在场时，它以前的一部分体验就不在场了。然而，这也是我们能够描述的东西。事实上，在现象学还原中，还存在进一步实行先验还原，即向纯粹体验本身还原的可能性。

3.4 重新定义本质还原

现象学方法更为重要的一点是，在经受了先验还原的意识领域中，我们可以把握到现象的本质。这就是所谓的本质还原（eidetic reduction）。*Eidos* 是个希腊词，它被译为本质（essence）。胡塞尔把这一程序中采用的技术解释为一种想象变更的形式。他认为我们是通过想象来改变现象的各种特征的。例如，我们可以想象我们在面前桌子上看到的那个苹果比实际更大或更小；想象它是绿的而非红的；它比实际更红一些；它更圆一些；它更重一些或更轻一些；它更甜一些或更苦一些。我们可以通过想象来改变苹果的显现方式，例如，想象绕着它走动或在不同的环境中看它。我们可以做许多事情来改变对这个苹果的体验。体验可以不断变化，但苹果仍然是那个苹果。那么，问题是，我们能够想象什么样的变化会把这个苹果变成其他东西呢？无论这些特征是什么，如果不把这个苹果变成其他东西，就无法改变这些特征的话，那么这些特征就是苹果之为苹果的本质。某物的本质就是我们可以通过这种想象的变更过程所揭示的那些常项（不变之物）的集合。

因此，本质变更是一种辨识或洞察本质的方法。显然它是一种基于我 *50*
们的想象力的概念分析形式。胡塞尔经常谈论本质和对本质的直观（或看）（*Wesensschau*）（1977，72－87）。因此，胡塞尔有时被称为柏拉图主义者。然而，一旦我们理解了想象变更的程序，那么本质直观的观念也就不再那么神秘或者柏拉图主义了。现象学家没有用形而上学的术语来解释事物的本质，或者把事物的本质解释为在某个独立于心灵的领域中存在的一个**理念/形式**（idea）。毋宁说，本质是通过采用现象学方法在我们的体验中被意指的。因此，现象学的目标是让这种本质获得直接的和直观的被给予性，也就是说，让它作为一个概念性的真理出现在人的体验中。然而，这意味着在这种方法中有某些局限性。具体来说，与分析哲学中的思想实验一样，本质变更依赖于研究者的认知能力。的确，人们可以问一问，我们的想象力是否足够值得信赖以至于可以证实一切形而上学的可能性，或者是否只能偶尔反映我们对主题的无知（Zahavi 2005，140－142）？在高度复杂的研究领域中，这尤其是一个问题，因为我们可能处理的是生物学的约束（biological constraints）和人类行为，以及那些比苹果和桔子之间的差异更微妙的差异。

有一些方法可以解决本质变更的局限。其中一个方法就是转向经验的或事实的变更（factual variation），以之作为一种补充或矫正策略。

> 如果我们正在寻找的现象能够使我们根深蒂固的假设动摇，使我们不得不优化、修改甚至放弃习以为常的思维方式，那么我们要做的就只有转向心理-病理学、神经学、发展心理学和人种学了；这些学科为我们提供了挑战物质的丰富资源。（Zahavi 2005，141-142）

胡塞尔说颜色和声音不能相互转化（1977，75），我们可以将这一论断作为一个很好的例子来说明，诉诸经验事实如何能够矫正我们想象的局
51 限。然而，仅仅因为他无法**想象**这种可能性并不意味着它**实际上**是不可能的。在此，我们可以看到主体间证实的重要性，因为事实上，我们发现有的人具有通感的能力，对他们来说，颜色和声音的确会相互转化。对通感的经验研究也能表明可能性的范围，而且可以证明颜色和声音之间的区域的（本体论的）界限可能比通常预期的要更加灵活（例如，Ward 2008）。当我们将兴趣扩展到人类生活之复杂性、具身性和情境性时，这种向事实变更的转向就变得更为重要了。例如，如果所有人都未曾有过失去某个肢体的体验，也未曾报告过这样一种遭遇，那么我们想象失去某个肢体会是什么样子呢？如果我们此前没有任何这样的体验，而完全依靠自己的想象力，那么我们可以想象幻肢的可能性及其特有的体验属性吗？大多数现实世界的现象，特别是生物体，尤其是那些拥有高度发达的大脑的动物，往往是非常复杂的、无法预测的、非线性的，等等，以至于我们无法通过想象以一种详尽的、充分的方式改变它们。因此，病理状况可以是有用的、事实的变更，它们便于揭示人类生存的基本结构。对新生儿和幼儿以及非人的动物的经验研究可以起到类似的作用。

与此同时，尽管采用事实变更的跨学科研究有许多成功的先例，但对经验的可变性空间的研究几乎不成体系。这种研究必定也受到事实、技术和伦理环境的制约。在对非人类有机体的研究中，某些这样的限制是通过对生物体及（或）其环境的侵入性干扰而避免的。在对人类进行实验时，灵活的策略（clever protocols）也许可以让我们突破认识的界限。即便如

此，可能性的范围是有限的，而这些实验往往与生态有效性的关切产生冲突。无法确定的是，基于好的科学理由而引入的实验控制不会改变观察的现象。这又是一个事实偶然性的问题，胡塞尔曾试图借助纯粹的想象来规避这个问题。

但是，如果兴趣的现象（phenomenon of interest）对于想象变更来说过于复杂，且其经验的可变性是有限的，那么，是否还有其他可能的方法来获得本质洞见呢？解决这一问题的方法之一是转向那些已经被模拟和建模（modeling）的研究程序所探索的方向。事实上，在进化机器人（evolutionary robotics）和人工生命（artificial life，Alife）领域的研究中所采用的某些方法论与胡塞尔的想象变更的一种形式是类似的（Froese and Gallagher 2010）。 52

人工生命是一个跨学科的研究领域，它通过人工手段（主要根据计算机模拟、机器人硬件或生物化学）在非线性动力学和自组织与涌现概念的一个数学框架内建立生命和心灵特异性的模型来研究生命现象（参见 Bourgine and Varela 1992；Langton 1989；Boden 1996）。机器人技术朝着一种在生物学上受到启发的具身性和情境性的思考已经取得了相应的发展（如，Brooks 1991；Steels 1994），尤其是“进化机器人技术”（ER），这种技术最常涉及对人工主体而非实际的硬件实施（hardware implementations）的模拟（Cliff et al. 1993；Harvey et al. 2005）。

例如，ER 关注的是适应行为如何从大脑、身体和作为一个系统整体的世界之非线性互动中涌现出来（Beer 1997）。实现这种涌现的一个简单方法是把一个控制系统嵌入感觉运动回路中，并将其置于某个环境中。ER 试图尽可能地把人类设计者带出回路。的确，仍然有必要确定是什么东西定义了行动主体（agent）、它的环境和期望的行为，但是实现这个行为的特定方式取决于某个进化过程。在这种情况下，设计假设的影响是最小的，也是可控的，也更容易研究行为能力的最少条件（Harvey et al. 2005）。进化过程常常会产生新颖的、令人惊奇的解决方案，这些方案会破除我们对某种行为之涌现的必要条件的先入之见，尽管仍然可以用动力系统理论，在一个跨越大脑、身体和世界（Kelso 1995）以及各种时间尺度 53
度（Thelen and Smith 1994）的统一的数学模型中来理解和形式化系统的行为。

就理论科学而言，这些程序允许创建“不透明的思想实验”，通过这些思想实验可以系统地研究理论立场的结果（Di Paolo et al. 2000）。其观点是，人们可以使用关于经验世界的理论，为 ER 或 Alife 模型的设计提供信息，而这些模型又会反过来约束对这些理论的解释（Moreno 2002）。当 Alife 方法论被用作颠覆关于必然性的理论观点的一种破坏性工具时，这种情况就可能在消极的意义上发生；但是，当它被用来合成作为概念证明的模型时，这种情况就可能在积极的意义上发生（Harvey et al. 2005）。尽管在合成人工系统的过程中，目的并非总是明确地模拟哲学假设，但在实践中，即便不是不可能，也很难避免这样做，至少暗中很难避免。我们创建的系统体现（embody）了我们的预设，而这一事实已经由休伯特·德雷福斯所指出，并且造成了极大的影响，他将传统人工智能（artificial intelligence，AI）所取得的有限的成功追溯到了为其提供基础的笛卡尔哲学（如，Dreyfus and Dreyfus 1988）。最近，迈克尔·惠勒（Michael Wheeler 2005）提出，该领域随后转向具身-嵌入式人工智能（embodied-embedded AI），这与一种向更具海德格尔色彩的现象学的潜在转变不谋而合。换言之，专注于设计能够实时稳健地适应动态环境的机器人系统，可被视为对正在进行的实际应对（pragmatic coping）之本性（本质）的一种科学研究。一般而言，利用 ER 和其他 Alife 方法而非单单通过传统的思想实验或本质变更来探究哲学立场的优势，是在完全可控的环境下提高了处理复杂系统的能力。

使用这种模拟方法作为一种实践有诸多好处，因为它迫使人们根据一种操作方法（operation of an implementation）来测试人的直观。正如人们通常在观念史中所发现的那样，关于人的思维（或人的模式）的界限理解“无法被把握，除非通过一系列连续的步骤和意义的沉淀，在意义沉淀
54 之前，在与某些事实条件分离之前，新的意义不可能出现”（Merleau-Ponty 1964，89），类似地，一贯珍视的那些预设（cherished presuppositions）和被机会主义的进化算法所颠覆的期望是一种令人蒙羞的体验。随着时间的推移，这一颠覆性过程开始影响人们处理问题的方式，扩大了应被考虑的可能的解释范围。

最近使用这种方法的一些实验的例子对哲学内在主义的多个版本提出了挑战。ER 已经成功地合成了人工智能体（artificial agents），这些主体可以稳健、准时、自适应地融入自身所处的环境，能够根据情境变化，在不依赖内部机制的情况下，在性质不同的行为之间进行切换（Wheeler

2008)。例如，一个单一的动力系统被优化来执行两种性质不同的行为，即趋化行为（chemotaxis）和有腿运动（legged locomotion），而并不为其提供先天的结构模块、显性学习机制（explicit learning mechanism）以及何时在二者间切换的外部信号（Izquierdo and Buhrmann 2008）。从一种情境被转移到另一种情境时，主体恰当地切换其行为的能力是根据控制者的动力、身体和环境之间的相互作用来解释的，这就对内在主义的假设，即，语境切换行为的充分必要条件必定只存在于个体身上——提出了质疑。对 ER 的另一项研究表明，由于其情境性而造成的持续互动的历史，即便是一个纯反应系统（即，其每一刻的输出都只能由其当下的输入所决定）也能产生非反应的行为（Izquierdo Torre and Di Paolo 2005）。因此，可以设想，自然主体的行为——似乎取决于某种内部状态——可能实际上取决于**关系**状态。这项工作强化了这样一种观点，即具身行为可以展示出那些无法直接从个体内在过程的属性中推断出来的属性。

我们将讨论另一个例子，在本书最后一章对主体间互动的研究中，这个例子所展示的模拟方法可以作为现象学方法的补充。

那么建议就是，被看作不透明思想实验的模拟模型的确是一种想象变
更：它们通过让我们把“生命设想为它可能是的样子”引导我们获得关于 55
复杂生物现象的本质（Langton 1989）。这既可以一种否定的方式发生，也可以一种肯定的方式发生：一个工作模拟模型是一种原则上的可能性之不可否认的存在证据，因此，这种可能性可以有效地颠覆既有的必然性观点，同时确立新的充分性观点。

就一个有意识的主体所采用的本质方法来说，这种通过人工建模进行的变更的主要缺点是，结果缺乏自明性。与本质直观的实现相反，对涌现现象的模拟在如下意义上是不透明的，即，在其可能性条件被恰当地理解之前，它们需要进一步的分析。操作模型充其量只是抽象的可能性，而其事实的有效性总是必须通过进一步的经验研究来得到证实。然而，这一缺点的影响被减弱了，因为计算机为重复运行、系统变更和详细分析提供了稳定的介质。因此，这些模拟模型在本质研究和经验研究之间占据了一个奇怪的位置，而这两种研究具有诸多共性。从这个角度来看，它们可以成为把现象学与科学联系在一起的重要方法论纽带。

为了获得对本质的洞见，我们需要确定那些将目标现象转化为其他东西的变更。否则，我们的概念可能会取决于所选择的事实或基于偏见

(Zahavi 2005)。但是，不管什么原因，如果没有适当的经验变更，该怎么办呢？在某些情况下，现象学家可以转向并不基于经验事实的想象变更。然而，如上所述，与生物行为，特别是人类行为和体验有关的现象如此复杂，以至于我们不能总是在一个统一的意向行为中把握到想象的可能性。

就此而言，模拟技术可被视为我们想象能力的技术扩展，它为现象学与在经验科学中所研究的日益复杂的（非线性的、动力学的、自组织的）
56 现象之间提供了一种关键的联系。在处理整体系统/环境相互作用的复杂动力学（complex dynamics）时，模拟的难度显著变小，但如果要更好地了解生物具身性的本质情况的话，这一问题则尤其紧迫。模拟模型，作为一个不透明的思想实验，本质上是一种想象变更，其意义不是直接自身被给予的。正如汤姆·弗洛斯（Tom Froese）所说，使用这些模型来理解相关现象，例如复杂世界中的行动，是一种现象学的“工作外包”（outsourcing），是一种本质方法，这种方法超越了一个人类主体（human subject）的想象力，在没有技术辅助的情况下开展工作（更完整的讨论详见 Froese and Gallagher 2010）。

胡塞尔将现象学视为一门批判的、严格的科学，其任务是揭示和考察由实证的（客观的、独断的）科学所预设的根本主张和假设：“我们的研究应当是批判的、非独断的，避免形而上学的和科学的偏见。它应该以实际被给予的东西，而不是以基于我们的理论承诺期待去发现的东西为指引。”（Zahavi 2003，44）就此而言，在人工之物的批判元素和想象的变更方法之间存在显著的亲缘关系。

3.5 关于第一人称视角和语言的一些问题

说到悬置和现象学还原的方法，需要注意的一点是，它们是以第一人称的方式进行的。换言之，现象学家研究的是他/她自己的体验，“我”考察我自己的意识。因此，针对现象学的一个经常被提出的反对意见认为现象学是主观的。当然，一方面，研究的对象是我自己的主观性；另一方面，第一人称进路似乎与我对事物的主观观点是紧密相关的，从这两种意义上来说，对我自己体验的考察似乎确实是一种主观的练习。因此，人们完全应该对这种方法的客观有效性提出质疑。那么，为什么这种对自身体
57 验的考察并不仅仅是主观的看法呢？例如，经验科学的目标是通过利用控

制装置（controls）来获得客观知识，与经验科学相比，现象学似乎没有控制装置。

现象学对这个问题的回应有两个层面。首先，现象学确实承认是一种对主观性的第一人称研究。就此而言，关于主观性的论题与研究主题（subject matter）——意识、认知、体验——无关，即使经验心理学也研究这些主题。毋宁说，关于主观性的论题与研究进路有关：第一人称 vs. 第三人称——后者与自然科学相关。可以说，第三人称进路从外部间接地研究意识。它测量在大脑或行为中发生的情况，然后做出有关意识的推理。现象学指出，这种第三人称方法存在严重的局限性。尚不清楚的一点是，第三人称范畴究竟来自何处。一种可能是，科学始于某种关于其主题的常识性的（也就是说，既不准确，也不受控制的）假设。不论是待解释的东西（这里指意识），还是被用来定义意识的各种概念，都没有（用一种受控制的方法论）被严格地或清楚地定义。这样一来，第三人称进路可能就没有那么客观（没有偏见）了。

其次，现象学区分了两种意义的客观性。

> 1. 排除偏见意义上的客观性。
>
> 2. 将物体作为一个研究对象意义上的客观性（这通常意味着“从外部”进行研究）。

在科学的讨论中，这两种客观性的意义常常被混淆。现象学所主张的是第一种意义上的客观性，而非第二种。也就是说，现象学宣称其第一人称进路是客观的（在第一种意义上），因为（1）通过悬置，它会小心地排除从既有的信念、理论和观点等东西中产生的一切预设或偏见；（2）现象学也呼吁主体间有效性的重要性。也就是说，对于现象学家来说，即使只有她一个人在工作，她也会诉诸一种依赖于他人的客观性观念；即使现象 58
学反思是每个人自己的事情，但现象学家也需要他人来确定对于体验的一些主体间共识。正如扎哈维所说的那样，“只有当我体验到他人和我一样体验到了相同的对象时，我才真正体验到了这些客观的和实在的对象”（2003，116）。此外，现象学反对第二种意义上的客观性，因为我们在现象学中研究的东西恰恰**不是**对象，而是主体和主体对世界的体验。当我们把主体变为对象时，或者，当我们试图从外部研究主体时，我们就遗漏了主体性的本质特征，我们可以把大脑视为一个客观的实存者来研究，我们可以把行为看作某个客观上可观察的东西来研究；但意识的特征是如此这般的，它不是一个对象，所以任何将其当作对象的方法都会使它扭曲，因此缺乏客观性（从第一种意义上来说）。

我们经常听到的一个类似的反驳是：现象学是一种内省（introspection）的形式，而在心理学的历史中，内省已经不再被看作一种有效的方法。但这一点似乎不太明显。许多科学家承认，内省的方法仍然是实验科学的一个重要组成部分。问题在于，人们是否想采用一种在方法论上可控的或者受到较少控制的内省的形式。但更重要的是，现象学区分了它自己的方法和内省的方法。虽然二者都是第一人称方法——例如，都涉及第一人称报告。但需要注意的是，科学所谓的内省并不总是一件反思的事情。大多数情况下，当科学家让受试者报告他们所体验到的东西时（例如，“当你看到光点移动时，告诉我一声”），受试者并未反思性地查阅她的意识流，去看看那里究竟有什么东西，而是观察她们的周围世界（她们使用上升路线）。同样，现象学并不仅仅是关于被理解为一种内在地被感受到的感觉或现象意识的主观体验。正如我们将在下一章所看到的那样，现象学是关于意向性的；这也是我们为什么在上文讨论苹果和周围世界的原
59 因。在内省时，如果没有现象学方法，我们往往会把我们对世界之体验的第一人称报告仅仅看作一个关于世界实际存在方式的报告，把我们关于体验本身的报告看作主观的（有偏见的）、不值得信赖的。现象学是通过审慎的、可控的方法来处理这些问题的。

另一种针对现象学的反对意见是由解释学提出的。解释学（解释理论）认为，既然现象学需要使用语言，也即描述，那么当然也就依赖语言的用法，而这样的用法会造成不可控的偏见，因为这些偏见可能是内置于语言本身的。语言本身有它的结构——语法结构和句法结构。所以，问题是，我们怎么知道语言的结构不会扭曲所谓意识的结构？

这种反对意见曾经针对笛卡尔提出过。当笛卡尔发现了 *Cogito* 之后就用拉丁语来表示。*Cogito* 的意思是“我思”（I think）。完整的拉丁语表述是“Ego cogito”。但在拉丁语中，你无需说“Ego”（I），因为它置于动词词尾。因此，人们当然会问笛卡尔，这个在思考的“I”或 Ego 是什么。笛卡尔把这个“I”或 Ego 叫作“res cogitans”，即在思考的东西。一些哲学家已经指出，笛卡尔本应该说这个“I”或 Ego 只是一个语法元素。也

就是说，笛卡尔是因为受到语言结构的影响才认为意识中有某个被叫作“自我”的东西。但这可能只是语言结构的结果和我们在言说事物时由于我们语言的原因而不得不采取的方式。

因此，解释学表明，语言（不仅是语法，而且还有词汇，都已经被嵌入了某些在历史上被规定的意义）颠覆了一切声称无偏见的描述，因此，永远不存在“纯粹的”描述。当然，正如前一章所述，这正是胡塞尔所担心的。这类似于历史主义的主张——认为我们（和我们的语言）与我们自己所处的历史时代紧密关联在一起，而这个时代的偏见也在我们的语言中得到了表达。因此，我对桌子上苹果的描述与莎士比亚对同一现象的描述
可能完全不同，约翰的那个圆圆的红苹果，放的时间久了，蔫了，很快就 *60*
要从里面腐烂了。

在这个问题上，现象学的回应是双重的。（1）现象学最终诉诸主体间的有效性。人们甚至可以进行跨文化的现象学研究，在不同语言之间进行协商，以抽象出描述的本质共性。现象学的目标是普遍性（纯粹先验的描述），但它并不认为这一目标可以轻易达到。（2）现象学不是一次性的事件。现象学家不会说，好吧，我已经完成了桌子上苹果的现象学。就像在实验科学中一样，科学家可以做许多实验，因此，在现象学中，我们可以回过头来做更深入的现象学分析，然后参考他人提供的现象学描述和报告，等等。人们可以尝试用不同的词语进行描述。因此，现象学并没有说现象学还原方法是一种简单、直接、不存在问题的方法。事实上，正是这样的考虑促使梅洛-庞蒂说：

> 从现象学还原中得到的最大教训是：完全的还原是不可能的。这就是为什么胡塞尔总是不断地就还原的可能性质问自己的原因。如果我们是绝对的精神，那么还原方法就不存在任何问题。但是，相反，由于我们被抛于世，由于连我们的反思都是在它们本身试图把握的时间之流中发生的［也就是说，正如胡塞尔所言，由于它们融入了这条河流（*sich einströmen*）］，因此不存在囊括我们一切思想的思想。正如胡塞尔在其遗作中仍坚持认为的那样，哲学家永远都是初学者。（1962，xiv）

3.6 延伸阅读

克罗威尔（Crowell 2001a）考察了有关现象学方法和先验哲学的各种争论。迪普拉兹、瓦雷拉和维尔莫什（Depraz，Varela and Vermersch 2003）勾勒了一种探究人类体验的方法论进路，这一进路依赖于胡塞尔的现象学，它描述了对一个人自身心理生活的具体反思活动。加拉格尔和扎
61 哈维（Gallagher and Zahavi 2012）用一章讨论了现象学的方法论，并概述了一条在经验的认知科学背景下使用现象学的进路。耿宁（Kern 1977）讨论了理解现象学还原的三条不同道路。

4. 意向性

现象学的一个核心观点是，意识以意向性为特征。意向性这个概念由 62
来已久，直到今天仍然在哲学思考中发挥着核心作用。胡塞尔从布伦塔诺那里借用了这个概念，而布伦塔诺则是从中世纪哲学中发现这个概念的。中世纪哲学家将这个概念追溯至亚里士多德，而亚里士多德声称这是对恩培多克勒的一句格言的解释："同类相知"（Like is known by like，*homoia homoiois gignôsketei*）。

恩培多克勒认为，构成认识者的质料与构成世界的质料是相同的。与恩培多克勒不同，亚里士多德依照其形质论来解释认识关系。这一理论认为，一切物理物体都是由形式和质料共同组成的。质料（*hylé*）是物质材料，形式则有些复杂。用来表示形式的一个术语是"*morphe*"，其意是形状。但物体的形状规定了它的功能，而功能又决定了它的定义或本质。亚里士多德在这里使用了柏拉图的术语"*eidos*"，译为本质或形式。就认识行为而言，亚里士多德认为，恩培多克勒的表述应该意味着，心灵认识形式但不认识质料。理由之一是，心灵本身不是由质料组成的；相反，它具有非物质的性质。然而，根据亚里士多德的定义，灵魂（心灵）是肉体的**形式**。灵魂或者心灵本身是一种形式而不是物质的东西。因此，"同类相知"的意思是，在认识行为中，事物的形式（本质）由形式（心灵）认
识。具体来说，心灵从被认识的对象中抽象出本质，当然，没有任何物质 63
的东西进入心灵本身（*De Anima*，《论灵魂》：424a，17-20）。

中世纪哲学家，如托马斯·阿奎那（Thomas Aquinas），将对象的形式与心灵的认识行为之间的关系称为意向性。被心灵所认识（或存在于心灵中）的对象称为意向对象，与世界中的对象之存在（existence）相比，它在心灵中的存在被称作“内存在”（inexistence）或者意向的存在。这种观念正是布伦塔诺在1862年出版的著作《基于经验立场的心理学》（*Psychology from the Empirical Standpoint*）中所提出的意向性理论的基础。

> 每一种心理现象都具有一种特征，中世纪经院哲学家把这种特征称作一个对象之意向的（抑或心灵的）内存在（*Inexistenz*），而我们也可以把这种特征称作与一个内容的关系、对一个客体的指向（这里的客体不应被理解为实在）或内在的对象性——尽管我们的这些表述并非完全没有歧义。每一种心理现象都在自身中包含某个作为客体的东西，尽管其方式不尽相同。（Brentano，1995，88-89）

在布伦塔诺本人的理论中，知识的对象是某种心理的东西；它存在于心灵中；它有意向的内存在（即，不是实在的存在，而是一种内在的、观念化的存在）。依照布伦塔诺，意向关系不是一种实在的关系（即，两个物理物体之间的关系，例如，因果关系），而是一种“混合的”（mixed）关系，也就是说，其中一个关系项是实在的（一个世界中的对象），而另一个关系项则是非实在的（具有心理存在的某个东西）。

4.1 胡塞尔的意向性理论

胡塞尔不是唯一一个回到布伦塔诺的人。当代分析哲学同样借鉴了布伦塔诺的意向性理论。我们在心灵哲学和认知科学中所看到的关于表征概念的一些版本涉及布伦塔诺的概念。表征（在心灵或大脑中）指向被知觉的对象，它使知觉成为**关于**（*about*）对象的知觉。意向性是指在知觉或认识事物时所涉及的“关于性”（aboutness）或“指向性”（directionality）。意向性也被认为是“心理之物的标志”，对心理之物来说，它是本质性的。

64

> 每一种心理现象都在自身中包含某个作为客体的东西，尽管其方式不尽相同。在表象中有某物被表象，在判断中有某物被肯定或否定，在爱中有某物被爱，在恨中有某物被恨，在欲求中有某物被欲求，如此等等。这种意向的内存在是心理现象所独具的特征，任何物理现象都不具有与此类似的特征。因此，我们可以这样来定义心理现象：它们是在自身中意向地包含一个对象的现象。(Brentano 1995，88-89)

然而，胡塞尔批判了布伦塔诺的观点，特别是意向对象在心灵中有某种存在（或内存在），以及心灵包含一种在知觉者与被知觉对象之间起中介作用的表征的观点。对布伦塔诺来说，意向性包含两个方面：

> (1)“关于性”或者“指向一个对象”的方面；以及
>
> (2) 被知觉、被判断、被相信、被爱、被恨等对象的内存在。

胡塞尔明确接受了第一个方面，但反对第二个方面。正如胡塞尔和其他现象学家，如萨特所指出的那样，第一个方面意味着：**一切意识都是关于某物的意识**。“意向性”(intentionality) 这个词源于拉丁语 *intendere*，意思是瞄准一个特定的方向，类似于用弓箭瞄准靶子。意向性与意识对一个对象的“指向性”(directedness) 或意识的“**涉及性**”(*of-ness*) 或“关于性”有关。它与这样一个事实有关，即，当一个人知觉或判断或感受或思考时，他的心理状态是关于或涉及某物的。而胡塞尔与布伦塔诺之间的分歧在于这是如何可能的。

布伦塔诺认为只有凭借某些内在对象或表征，意向性才是可能的。意向对象作为精神或心理过程的一部分存在于心灵之中，它可以算作一种可能由刺激物（被知觉对象）所引起的一个复制品或者表征。相反，对于胡塞尔来说，知觉的意向性意味着被知觉的对象本身就是意向对象，我们可以直接知觉到这个对象而无需任何中介。 65

布伦塔诺意向性理论的表面优势之一是它能够解释这样一个事实，即我们能够意识到在物理上并不存在的事物。我们可以想象一个虚构的人物，例如哈姆雷特；我们可以深入思考一个抽象的概念，例如正义；我们可以记住一些过去的（不复存在的）事件；我们可以想象当苏格拉底在广场上漫步时，雅典是什么样子。我们会说，所有这些意向对象都清晰地存在于我们的头脑之中，但却不存在于现实世界。它们会以意向对象的形式存在，与知觉中的意向对象具有相同的地位，而我们也会意识到它们本身。

然而，这里的问题是，意向对象在某种意义上是实在的——它可能确实是一个真实存在的东西，作为一个心理实存者，存在于思想者的头脑中。然而，依照胡塞尔，虚构的和纯粹想象的事物在任何意义上都不是实在的，当然也不可能被还原为纯粹的心理实在。它们不仅不是实在的，而且，更肯定地说，它们超越于意识。哈姆雷特不是实在的，但哈姆雷特确实具有某种独立于一切个体心灵的（非实在的）存在。当我想到哈姆雷特或正义或一个过去的事件或古代雅典时，我的思考的意向对象以某种观念的方式存在，但这种观念的方式不可以被还原为我思考它的那种方式。

一种思考这一观点的方式是，哈姆雷特、正义、一个过去的事件或古代雅典的**意义**（meaning）并不仅仅由我自己的想法构成；意义超越了心灵，它不是作为一个实在的对象，而是作为一种存在的意义（*Sinn*）而存在。在这种情况下，意向对象并非盘旋于我眼前的物理空间中；但它确实具有一种（非实在的）存在，这种存在超越了在我头脑中发生的一切东西。

然而，与此同时，胡塞尔意识到，我们是从一个特定的视角去知觉一个物理对象，思考或判断某个非物理对象的。我看见我家旁边的那棵棕榈树的方式与你看见它的方式并不完全相同，因为你是从一个不同的角度看
66 见它的；我思考哈姆雷特的方式与你思考他的方式并不完全相同，因为你扮演过这个角色而我没有。这样的思考使胡塞尔提出了意向相关项（noema）的概念。

在讨论意向相关项概念之前，快速浏览一下胡塞尔在《逻辑研究》中的说法或许会有所帮助。他在第五研究中讨论了意向性。在第 20 节，他区分了意识行为的质性（quality）和质料（matter）。这预示了他后来对意识的意向行为（noetic act）与意向相关项内容（noematic content）的区分。任何意向性的心理行为都有一种特定的性质或质性。例如，知觉行为不同于回忆行为，而回忆行为不同于判断行为。如果我们的判断是“1＋1＝2”或者“猫王是摇滚之王”，那么这两个意向行为的判断质性是相似的。但质料或者说与判断相关的材料则不同。同样，我们可以保持行为的质料不变而改变行为的质性。例如，我们可以**想象**咖啡馆是拥挤的，

我们可以**希望**咖啡馆是拥挤的，或者我们可以**看到**咖啡馆是拥挤的。胡塞尔说质性是“具体行为体验”的一个方面。我们可以说质性是内在于心理行为的一种态度或姿态。然而，对象并不内在于心理行为，实际上，对象超越于心理行为。意向对象（性）——例如，咖啡馆是拥挤的——不是一个心理行为的实在的构成部分。此外，对象具有什么样的存在不会造成任何差别——无论它是实在的还是观念的，可能的还是不可能的（例如，我们或许希望咖啡馆挤满了独角兽），对象是如此这般的，以至于它的意义（sense or meaning）都不取决于我们对它的意识，尽管就质料——我们也许会说主题（subject matter）——而言，我们的意识始终“指向”它。如果问题是某种不存在的东西（例如，一群独角兽），即本身不存在而且也不具有作为我的心灵的一个构成部分的存在，是如何成为我的意识对象的，胡塞尔的回答是，就其意义作为我的心理行为之主题而言，按照意向性的顺序，它就是这样的。它的存在方式并未进入对其意向状态的解释中。

这里的一个重要含义是，意向性关系不是一种因果关系。人们可能会认为，外界的物理存在或许会通过知觉在我的大脑中引起某些变化，从而 67
在认识者与被认识者之间建立一种关系。然而，认识者和一群不存在的独角兽之间可以存在意向性关系的事实表明，意向性关系不可能是因果关系，除非人们认为不存在的事物可以是一个原因。

胡塞尔所谓的意识行为的“质料”是行为的这样一个方面：它规定了意识行为对一个超越的对象的指向。或者更好的说法是，意识行为的质料是它被指向对象的方式。正如胡塞尔所指出的那样，即使人们固定了意识行为的质性和对一个对象的朝向，某些其他的东西仍可能有所不同。我可以对同一个对象做出两个判断，但在意义方面，二者却有某种意向性的差异。因此，例如，我可以对一个三角形做出判断，认为它是等边三角形，我也可以对同一个三角形做出判断，认为它是等角三角形。对同一对象的判断有不同的意义或“不同的方式”（2001a，121）。

> 因此，“质料”必须被我们看作是那个在行为中赋予行为以与对象之物的关系的东西，而这个关系是一个具有如此确定性的关系，以至于通过这个质料，不仅行为所意指的对象之物一般得到了牢固的确定，而且行为意指这个对象之物的方式也得到了牢

固的确定。(2001a，121，删除了斜体)①

换言之，质料决定了把对象把握**为**某个东西。就此而言，意向性的公式，即**一切意识都是关于某物的意识**是不完备的；更完备的说法应当是：一切意识都是关于**作为**某物的某物之意识。质料以一种特定的方式将对象规定为这个对象。它赋予了对象以“立义意义”(*Auffassungssinn*)。

意向行为的这两个可区分的部分——质性和质料——是从作为一个整体的意向行为中抽象出来的，正是它们使意向行为成了意向性的。

4.2 意向活动-意向相关项

意向性意味着（1）一切意识都是关于某物的意识。布伦塔诺和胡塞
68 尔都接受意向性的第一个方面，即它是对某物的一种指向性。胡塞尔反对布伦塔诺所认为的第二个方面：心灵中存在着某种内部的、“内存在的”意向对象。取而代之，胡塞尔会说意识具有意向性的特征这一事实意味着（2）意识有一种特定的结构，这一结构可以被表达为“关于作为某物的某物之意识”。这个结构可以被分析为两个（抽象的）部分：（1）关于……的意识（胡塞尔称之为意向活动或意向活动的结构），正如我们刚刚看到的那样，它有多种可能的质性特征；（2）“某物”，即总是以某种特定的方式被看作一个特定主题的意向对象。这种“质料特征”就是胡塞尔所谓的 *noema* 或意向相关项。

意识的意向行为可以是知觉、回忆、想象等行为。我可以用不同方式意识到同一个对象：我可以知觉一棵苹果树，或者记住一棵苹果树，或者想象一棵苹果树；我可以判断这棵苹果树很大；我可以不喜欢这棵苹果树，因为它挡住了我的视线；等等。在每种情况下，它都是同一棵苹果树。不同之处仅仅在于指向它的意识行为的特征。意向行为可以是复杂的。我的判断可能来自我对某些事实的记忆（我可能记得童年时曾从苹果树上掉下来过），来自我对某些东西的想象（例如，想象如果苹果树不在那儿会是什么样子），来自我对苹果树的厌恶，等等。同样，我对苹果树

① 中译文参见胡塞尔：《逻辑研究》（第二卷），《现象学与认识论研究》，A390/$B_1$415，倪梁康译，北京：商务印书馆，2017，第850页。——译者注

的意识有一个意向对象——那棵苹果树。但我总是以某种方式体验着这棵苹果树。作为被知觉的对象，苹果树从一个特定的角度在视觉上显现给我。就像我桌子上的苹果一样，我一次只能从一侧看到这棵苹果树，尽管我是从一侧看到它的，但我也潜在地认为它有更多的侧面。如果刮风，或者云朵遮住了阳光，那么树的显现就会不断发生变化。同样，如果我移动脚步，改变了知觉的角度，那么树的显现也会发生相应的变化。在所有这些意向相关项的变化中，意向对象都是同一棵苹果树。同样，如果我闭上眼睛，然后回忆刚刚看到的那棵苹果树的样子；或者，如果我想象那棵苹果树长在另一个地方的样子；或者，如果我断定那棵苹果树长得太大了——所 69
有这些差异都会导致相应的意向相关项的变化。意向相关项是当我知觉或回忆或判断等等时——当苹果树被体验到时，或者当它向我显现时——苹果树对我来说所具有的含义或者意义（德语：*Sinn*）。

意识总是有这种意向性的结构，一方面我们有意向行为（noetic act）（或者意识行为），另一方面我们有意向相关项的意义（noematic meaning），即事物被体验的方式。然而，根据以上分析可以清楚地看到，意向相关项不是意向对象。当我睁开眼睛去看东西时，我看到苹果树就在它所在的地方，在房子旁边，在我所站立之处的左边。我看不到意向相关项。毋宁说，意向相关项是我看这棵树的方式——它在微风中闪烁，它是我行进道路上的某物，它是我能够伸手触摸的某物，它是一种食物的来源，它是我能够描画的某物，等等。

关于胡塞尔所指的意向相关项究竟是什么，一直存在争论。它有怎样的地位？别忘了，胡塞尔曾受到弗雷格的影响。弗雷格区分了意义（*Sinn*）和指称（*Bedeutung*）。利用这一区分，我们可以说，意向对象是我们在各种意识行为中有意识地指称的东西；意向相关项则是当我们意指那个东西时所赋予它的意义。弗雷格从语言学的角度来理解这种区分。一个语词既具有一个意义，也具有一个指称。例如，语词“苹果”指称桌子上的一个实在的水果。它同时表示一种特定的意义——它指向由其他语词所构成的一个定义。如果我们以对某物的判断为例来思考意向性，那么就很容易认为意向性具有与命题相似的结构。“苹果在桌子上。”这与分析哲学中命题态度的概念非常类似。我对一个命题采取一种判断的态度：[我判断]“苹果在桌子上”。命题内容（也即命题的意义）就相当于意向相关项。

这种对胡塞尔意向相关项概念的弗雷格式解释已经得到了许多现象学

家的认可，最值得注意的是（斯坦福的）弗莱斯达尔（Dagfinn Føllesdal）和（伯克利的）德雷福斯。鉴于他们所处的地理位置，这种解释有时也被
70 称为西岸的解释（West Coast interpretation）。依照这种解释，意识的意向性（intentionality）相当于语言的**内涵性**（*intensionality*）（用“s”替换了“t”），或者二者至少是紧密相关的。相比之下，东岸的解释（East Coast interpretation）源自胡塞尔的学生阿伦·古尔维奇，他到美国之后，先是在布兰代斯大学（Brandeis）任教，后来去了纽约的社会研究新学院（New School for Social Research）。古尔维奇专注于知觉而非判断，他认为意向相关项等同于我们在知觉中体验到的视角面（侧显），或者至少与其密切相关——例如，我从一侧看到苹果树，它在我的左边，在阳光下，在微风中闪烁，等等。

因此，争论涉及**作为被意指的对象**（object-as-intended）（意向相关项）与**被意指的对象**（object-that-is-intended）（被意指的或者意向对象本身）之间的关系，也即被知觉的苹果树和苹果树本身之间的关系。依照西岸的解读，意向相关项是一种表征的实存者（representational entity），一种在意向行为与对象的意向性关系中起中介作用的意义。根据这种解读，意识通过意向相关项来指向对象，因此只有借助这个中介性的观念实存者才能实现它对世界的开放性（Smith and McIntyre 1982，87）。然而，根据东岸的解释，意向性体验从本质上来说是自我超越的；它们的存在被构造为他物**的**（of）存在，而且，它们并非首先凭借某个起中介作用的表征实存者而实现对世界的指称。因此，人们认为意向相关项既不应该被理解为一个观念性的意义，也不应该被理解为一个概念或者一个命题；它不是主体与客体之间的中介，毋宁说，它就是**被体验**的对象。意向相关项是作为被知觉的对象、作为被回忆的片段、作为被判断的事态，等等。然而，这并不意味着“作为被意指的对象”与“被意指的对象”之间没有区别，但是根据约翰·德拉蒙德（John Drummond 1990，108－109，113）的说法，这种区别正是反映在意向相关项之中的结构性差异。由于对意向相关项的研究实际上是对在其显现中、在其之于意识的意义中被考察的对象、面向（aspect）、维度（dimension）或区域（region）的研究，所以对象和
71 意向相关项在根本上是相同的，只不过在一个反思行为中，它们是从不同角度被考察的。

意向相关项，作为意向对象——如其被认识的对象——的意义，既不

完全内在于，也不完全超越于意识行为。一方面，正如扎哈维（2003：58）所指出的那样，它超越于意识，但仅仅是在它依赖于意向对象的意义上，因为它是那个如其被意指的对象，这一对象不能被还原为一种内在的存在。另一方面，在如下意义上，它并不超越于意识，即它只是一种抽象，无法存在于它与意向性的意向活动成分的关联之外。如果人们坚持认为对象的意义与它们之被认识无关，这并不意味着意向相关项四处飘荡，独立于意向关系。关于质性和质料，胡塞尔谈了很多，对意向活动和意向相关项亦如此。意向相关项是与认识者相关的（knower-relative）。

就此而言，我要提出另一个概念，它同时也是意向性的一个替代概念。意向相关项类似于可供性（affordances）。吉布森式的可供性概念最好在具身行动的语境下被理解（见 Gibson 1966；1979）。如果环境允许让某种行动成为可能，那么它就向行动主体提供了一种可供性。一把椅子可供“坐”；一支铅笔可供“写”；一座山可供“爬”（如果它由不可爬的悬崖组成，它可能就不可供“爬”了）。然而，可供性并不纯粹是事物的客观属性。它们是依赖于行动主体的属性——行动主体的身体具有可让人坐的可弯曲的关节，行动主体知道如何写，或者行动主体具有可以爬山的良好身体素质。就像可供性依赖于行动主体的具身能力一样，我认为意向相关项依赖于意识主体的某些认识能力（也可能是实践的认识能力或者技能）。就我把某物体验为有意义的某物而言，意义（意向相关项）是什么（也许，即使到了极限，也还有意义）不仅取决于对象，而且取决于我自己的认知资源。

4.3 生成的意向性

意向相关项类似于可供性，这一观点引出了关于意向性的一些更深层 72
的思考，这些思考出现于具身认知领域的新近发展中。在现象学和分析的心灵哲学中，对意向性的讨论都超出了对心理状态或行为意向性的狭隘讨论。相对于行为意向性，胡塞尔引入了操作（*fungierende*）意向性的概念，并从意向活动与意向相关项两个方面对其进行了解释。操作意向性概念试图抓住这样一个事实，即进行体验的行动主体通过行动和计划（projects）意向性地与世界打交道，这些行动和计划不可被还原为有意识的意向活动状态，但却包含胡塞尔所谓的“身体意向性”（1977，§39）。梅洛-庞蒂正是从这一点开始其意向性分析的。行动是意向性的——具有意向性和含义，不仅因为它们是被意愿的，而且因为它们被指向某个目标或计划。此外，行动的意向性是某种能够被他人在知觉上理解的东西。

同样，在分析的心灵哲学中，我们发现对行动主体意向性的讨论超出了心理状态意向性的问题范围。例如，新行为主义者和新实用主义者的意向性概念有一个共同特点：一种外在论的观点，即认为意向性是我们能够在行为中辨别出来的东西，它并不必然隐藏于头脑中（见 Haugeland 1990）。新行为主义观点的一个例证是丹尼特的意向立场概念，他通过观察一个采取理性行为的行动主体，对意向立场概念做了解释，并在此基础上将意向立场归因于意向性，也就是说，将行动主体视为“怀有展示了意向性或‘关于性’的信念、欲求和其他心理状态的人，其行动能够根据这些心理状态的内容进行解释（或预测）”（1991，76）。[1]在这一解释中，我们可以立刻看出两重意思：首先，这个关于意向行动主体（或系统）的概念始于对主体行为的思考，但也将我们带回到
73 了关于心理状态意向性的问题上（就信念和欲求而言）。其次，这一概念将意向性与社会认知——我们将心理状态归属于他人的能力——关联在了一起。

我们首先应该注意到，与新行为主义模型所给出的主张相反，在我们的意向性归因实践中，我们并不总是把另一个行动主体的有意义的行动看作一种理性行为，或者看作指向一个特定欲求目标的工具行动。举例来说，如果我们看见某些人在听讲座的时候做手势或者点头，我们可以把某种意向性归属于他们，即使我们并不总是把在做手势或点头的行动中表达出来的意向性理解为是由特定的信念（例如，与做手势或点头的意义有关的信念）或欲求（例如，给演讲者留下深刻印象的欲求）所引起的（Gallagher and Miyahara 2012；Miyahara 2011）。另一个例子涉及与性有关的意向性。正如梅洛-庞蒂所言：

> 性知觉不是针对一个我思对象（*cogitatum*）的我思活动（*cogitatio*），它通过一个身体指向另一个身体，它在世界中而不是在意识中得以实现。一个场景之所以对我来说有一种性的含义，不是因为我隐约再现了它与性器官或愉悦状态的可能联系，

> 而是因为它为我的身体而存在，为始终能把被给予的刺激形成一个性的情境并在其中以一种性的方式行为的能力而存在。（Merleau-Ponty 1962，139）

性的意向性与工具理性无关，不可被还原为一系列心理状态、类似信念或欲求的命题态度，甚或一系列可观察的行为，或二者之间的某种归因的/推理的关系。它是一种似乎超出了信念-欲求或大众心理学范畴的意向性形式。

由于新行为主义根据理论推理或“读心”来刻画社会认知以及我们与他人的日常互动，因此可以据此提出对它的反驳。这里我们先将这个关键问题放在一边，待第 9 章讨论主体间性问题时再回到它上面来。

与新行为主义者不同，一些新实用主义者，如布兰顿（Brandom）（1994；2000），提出了一种基于社会/规范概念的意向性解释。布兰顿用 74 他称之为**道义计分**（deontic scorekeeping）的实践解释意向性概念，道义计分即我们依据**规范性地位**（normative status）来追踪他人与我们自身行动的彼此隐含的实践（mutual implicit practice）（1994，ch. 3）。依照这种观点，我们从社会规范所规定的某些义务或权利的角度来隐含地理解他人的意向性，即使我们并不总是**明晰地承认**这样的规范身份。因此，我们将意向性归属于这样一个实存者，这个实存者能够具有一系列特定的义务和权利，即由社会语言规范——也就是规定了我们的语言实践（包括推理）之社会适当性的隐含规范——规定的**以推理的方式清晰说出或言语推演的**（inferentially articulated or discursive）义务和权利。在这一点上，布兰顿认为这是“一直以来的规范”并且“……唯有团体，而不是个人可以被解释为拥有原本的意向性。规定意向状态之规范性身份特征的实践必须是**社会**实践”（1994，61）。换言之，我们是根据他人的所为所言、他人之被预期的所为所言、他人所扮演的角色、时间和地点以及这些因素在共享的社会环境中对我们的含义，而不是通过寻找隐藏在其行为背后的心理状态，来追踪并不时地承认他人的意向性的。[2] 我们之所以把意向性归属于行动，是因为我们对其社会建构的含义有一种实践的把握。

在此基础上，我们把意向性归属于做手势和点头没有任何问题。根据新实用主义，手势只是另一种人们通过其社会建构的含义和规范性地位来追踪的现象。例如，在理解一个人点头的行为时，我们认为这个人对演讲者发表的观点做出了闪烁其词的承诺（discursive commitment）——他或她对演讲者的观点可能会也可能不会给予明确的承认，而不是假定他或她有一种关于演讲内容的信念或内在心理状态。

因此，新实用主义者对意向性的解释避免了一些在新行为主义者的解释中发现的问题。根据新实用主义，只有当某物按照基于社会的规范行动时，它才是一个意向性的行动主体。例如，某些侮辱性的手势在文化上是
75 相对而言的，我们不应该把来自不同文化而无意做出侮辱性手势的人理解为一个具有侮辱意向的行动主体。更一般地说，如果一个生物（例如，非人的动物）**完全**不了解社会规范，并且不被期望按照这些规范行事，那么似乎赋予它以意向性本身就是不恰当的。然而，就在这里，即在他们试图去解释我们从各种非社会或前社会实存者的行为中识别出意向性的常识能力时，新实用主义者确实遇到了一个问题。一个简单的例子是，我们倾向于将意向性赋予计算机屏幕上以特定模式移动的几何图形（Heider and Simmel 1944），以及我们认为不遵循特定社会规范的非人的动物和婴儿。尽管我们认为它们缺乏对社会规范的理解，但我们还是将意向性赋予了这些实存者。这样一来，新实用主义者似乎就无法解释我们将意向性赋予这些生物的日常实践了。

解决这一问题的一个建议引出了一个更基本的问题。卡什（Cash 2008）认为，依照新实用主义者的解释，我们可以将意向性赋予动物和婴儿是"**基于它们的活动与人的行动种类的相似性**，因为如果一个人采取了这类行动，我们就有权把这样的意向状态归因于理性"（2008，101；强调为原文所加）。也就是说，只有识别出实存者的行为与社会化的人的行为之间的某种相似性，新实用主义者才能将意向性赋予一个非社会性的实存者。如果我们问这个关于相似性的说法中包含了什么，似乎有两个可能的答案。第一个答案是模式识别加类比推理的形式。也就是说，我们可能通过探测非社会性实存者的活动与人所表现出的行为之间的共同动态模式，从而将非社会性实存者的活动看作意向性的。然而，这一解决方案是不成功的，因为一个简单的事实是，至少在某些例子中，即在我们将意向性赋予动物或计算机屏幕上移动的几何图形的例子中，不存在与人类客观行为的相似性（Miyahara 2011）。第二个答案，也是一种替代性的解释认为，
76 我们把自己当成了作为比较之基础的模型。在某种抽象层次上，如果我设想自己处于某一实存者的特定情境中，我可能会承认，我会做出与该实存

者相同的行为。这涉及许多与社会认知模型相关的其他问题。同样，为了不影响当前的讨论，我们需要将这些问题放在一边，到第 9 章讨论主体间性问题时再说。现在，我只想表明，诉诸现象学的社会认知解释可以解决这些问题，这种解释不涉及相似性。

此外，就意向性问题而言，操作意向性的现象学概念不仅与某个特定的新实用主义版本相一致，而且提出了全然不同的心灵概念和意识概念，它们既不同于标准的内在主义的心灵概念和意识概念，也不同于受布伦塔诺启发的对行为-意向性的传统解释。这种意向性概念也与生成现象学（enactive phenomenology）相一致。生成现象学，是现象学的一个版本，它强调以行动为导向的知觉（例如，海德格尔、梅洛-庞蒂、德雷福斯，以及生成论者，如 Noë 2004；Varela，Thompson and Rosch 1991）。

依据生成的观点，我们与他人交往的方式依赖于具身的知觉运动。我们并非先知觉到非意向性的活动，然后再推断它们的含义。我们将他人的行动和情感表达视为意向性的一种形式——有意义的和有所指向的。对他人的生成知觉意味着，根据我们可能对他人做出回应的方式或与他人互动的方式，把他人的情感表达和情境化行动看作有意义的。他人向我们提供了社会可供性。因此，我们对他人的理解是实际的，而且对他人的理解涉及他们在具体情境中的行动：它与据称能够解释他人行为的笛卡尔式的心理状态无关。

换言之，我们通常以“操作意向性”而非心理的“行为意向性”的形式去知觉另一个人的意向性。如上所述，操作意向性的概念试图捕捉这样一种观点，即进行体验的行动主体通过行动和计划意向性地与世界打交道，这些行动和计划不可还原为单纯的心理状态，而是包含一种运动的和
身体的意向性。行动之所以具有意向性，是因为它们是针对某个目标或计 77
划的，而且我们能够在他人的行动中看出这一点来。操作意向性与心理状态（或行为）意向性完全不同，后者是在反思性的推理或判断中获得的（Merleau-Ponty 1962，xviii）。当我们试图从一个超然的、观察者的立场去解释或预测他人的行为，或者当我们反思他人的行为，而不是生成地（enactively）参与他人的意向行为时，心理状态（或行为）意向性似乎是我们所重视的。相比之下，我们对他人和自己的体验通常都带有操作意向性，这种意向性“产生了世界与我们的生活的自然的和前述谓的统一性……这种意向性更清楚地显现在我们的视觉场而非客观的认识中”

（Merleau-Ponty 1962，xviii）。就社会认知而言，我们通常根据他人的意向性之适当性，根据他人的意向性对我们特定的存在方式——这种存在方式由我们当下具有的特定目标或计划，我们对文化规范、我们的社会地位等的默会的把握所构成——的实用的和/或情感的价值去知觉他人的意向性，而不是将他人的意向性当作反思的内在心理状态，或者当作构成解释他人的深层想法和行动的理由。

我们来思考一下宫原克典（Miyahara 2011）提出的下述例子。假设你正沿着一条繁忙的街道开车，看到一个人在没有人行横道的街道边不安地左右张望。你放慢速度以防他跑到街上，或者至少你自己准备踩下刹车踏板。如果车里的乘客问你为什么减速，你可能回答说那个人看起来**想要**横穿马路。在这个反思性的解释中，似乎那个人的心理状态，即他横穿马路的**欲求**，被司机体验到了，他的欲求构成了横穿马路这一行动的理由。然而，这是一种仅在反思中被激发的表达方式。事实上，在最初的行动中，将你的脚放在刹车踏板上正是体验处于道路边缘的那个人的意向性的一部分。正如梅洛-庞蒂所说：

> 我们对运动的身体体验不是一种特殊的知识；它为我们提
> 78 供了一种通达世界和对象的方式，一种被认为是原始的并且可能是首要的“实践知识”（praktognosia）。无需使用“符号的”或“对象化的功能”，我的身体就能拥有它的世界。（1962，140–141）

对世界，或者对一个对象，或者在社会环境中对他人做出这样的身体反应，是遭遇这些实存者的一种方式。这种方式不仅不能被还原为由推理指导的行动，而且比那种只能间接指导行动的认识世界的方式更原始。

生成现象学家们认为，这种主体间的、实际的理解是我们对他人和自身意向性的一种基本理解，这种意向性是原始的，而非派生的。在这种意向性的观念中，“世界的统一性，在通过认识被一个明显的同一化行为设定之前，是活生生的，好像它已经被构成了，或者已经在那里了”（Merleau-Ponty 1962，xvii）。意向性由行动主体正在做什么和准备做什么决定——也就是说，在行动主体应对当前情境的感觉运动技能中——，它既适用于跨出马路牙子，也适用于踩下刹车，以及随后可能发生的任何行动或互动。

根据这种观点，人们无需到心理状态（命题态度、信念、欲求、头脑内部）的层次去遭遇意向性——操作意向性就在运动中、在行动中、在与环境协调的反应中。这种操作意向性是实在的（非派生的、原初的）意向性。[3]任何依照心理状态而被归属的意向性都是从操作意向性派生而来的，而且在大多数日常互动的情况下都是不必要的、多余的和不一定真实的。

如前所述，这种解释也与新实用主义者的观点相一致。布兰顿指向这一方向。

> 实用主义的一个基本观点是，最根本的意向性（在指向对象的意义上）是与这样一些对象的**实践的**牵涉，这些对象由一个熟练地应对世界的有感觉能力的生物所展示。（Brandom 2008，178；强调为原书所加）

布兰顿将这一意向性描绘为比基于语言的“语义意向性”（semantic 79
intentionality）更基本的意向性，并将其描绘为包含反馈控制的过程，这些过程延伸到了世界之中，并表现出了“一种复杂性，如果不参考世界中由系统的反应和对……的反应所产生的变化，这种复杂性在原则上就无法被明确说明。就其本质上涉及对象、事件以及世界的事态而言，［这样的实践］是‘厚的’（thick）。世界的各个方面都被**整合**到了这样的实践中”（Brandom 2008，178）。

这种意向性概念也为性的意向性（erotic intentionality）和我们把意向性归属于非人的生物的做法提供了更好的解释。在性知觉中，不是一个我思活动（*cogitatio*），而是一个“当它为我的身体而存在时”对我而言的性的意义。我们

> 发现性生活是原始意向性的另一种形式，而且，通过把所有这些“过程”建立在意向弧上，我们揭示了知觉、流动性和［符号］表征的生命起源……（Merleau-Ponty 1962，157）

类似每一个操作意向性的例子，性的意向性不是一种“我认为……”，而是一种“我能够……”——它是任何我认为能够回应或能够以性的方式与之互动的东西。

再考虑一下将意向性赋予计算机屏幕上的海德和希梅尔几何图形的情况。我不必将它们当作**类似于**人类的、社会的/规范性的行动而去理解意向性，事实上，意向性就在它们的运动之中。其实，由于这种运动不是随意的，而是被人类实验者写入程序的，所以它们的运动不是简单地相似，而**就是**人类行动的一种展示。我将这种运动知觉为我可以与之互动而达到某种目的的东西。人们可以很容易地想象一个更大规模的虚拟现实，在那里，我作为一个人类主体和几何图形处于同一场景中，我能够以一种有意义的方式干预游戏或者玩游戏，例如，阻止一个图形“追赶”另一个图形。对我来说，这种干预的可能性是我在它们的运动中视为有意义的东
80 西，而且构成了我的意向性归属的基础。如果运动完全是随意的，那么这种可能就不会存在了。同时，这种意向性概念能够解释为什么我不把这些图形看作真正的意向行动主体：这种感受基于如下事实，即它们是在这样一个环境（计算机屏幕）中被呈现的，在其中，我参与的可能性在很大程度上受到了限制。我的参与最多只是我的模仿。一方面，我看到了干预的可能性；但是，另一方面，我知道我实际上不可能干预。在我对图形意向性的矛盾的评价中所反映出来的正是这种模糊性。

这种生成的、新实用主义的、现象学的操作意向性概念，正是支持非传统的意识概念所需要的相关概念。正如我们将在第 9 章所表明的那样，意识从一开始就是主体间性的，这意味着，这种非派生的意向性从何而来并不神秘。它来自我们与之互动的他人，或者更准确地说，它是在我们的互动中产生的。就我们都生于一个共同体而言，我们的环境从我们生命之初就充满了意向性的实践。我们通过与他人（主要是与我们的看护者）的实际互动，以及我们与生俱来的或早期习得的对他人或这种互动机会的敏感性，而被引入了社会的和规范性的实践中，从而发展和塑造了我们的意向性。这意味着非派生的意向性并不是首先在我自己孤独的心灵中，或在那些并非已经被指向他人或被他人所指向的大脑过程中产生的。就此而言，心灵是由我们对环境的生成介入（enactive engagement with）所构成的，而这个环境既是物理的，也是社会的。因此，如海德格尔所言，意向性意味着我们“在世界之中”存在。

4.4 延伸阅读

布伦塔诺（1995；原版发表于 1874 年）提出了一种开创性的意向性

理论，他把意向性看作心理之物的标志。胡塞尔（2001a，第五研究）提
出了他自己的观点。莫汉蒂（Mohanty 1971）概述了在布伦塔诺和胡塞尔
那里发现的意向性概念。弗莱斯达尔（Føllesdal 1969）、史密斯和麦金太 *81*
尔（Smith and McIntyre 1982）概述了对胡塞尔意向相关项概念的“西
岸”解释。德拉蒙德（Drummond 1990）和索科洛夫斯基（Sokolowsk
1987）捍卫了“东岸”解释，这也见于古尔维奇（Gurwitsch 1964）。在
某种程度上正确的观点见于胡塞尔（1982）。随着海德格尔对这一概念的
发展，德雷福斯（Dreyfus 1991）包含了一些对意向性的讨论。

【注释】

［1］这里是他的原文。“它是这样工作的：首先，你决定把要预测其行为的对象看成一个理性的行动主体；接下来，根据它在世界上的位置和它的目的，设想这个行动主体应当具有什么样的信念。然后，基于同样的考虑，你设想它应该具有什么样的欲求。最后，你就可以预测，这个理性的行动主体将根据其信念，朝着目标进一步采取行动。从所选择的这组信念和欲求中所做的一些实践推理，在多数情况下都能确定行动主体应当做什么；这就是你预测行动主体将做的事情。”(Dennett 1987，17)

［2］卡什（Cash 2010）对它做了如下描述：“根据规范性的观点……这种归因的典型范例是由行动主体的语言和规范的共同体的另一个成员所提出的；归因遵守共同体给予作为行动理由之意向状态的实践规范，并被这些规范所证立。这种实践牢牢地植根于那个共同体所共享的公共语言中，也被这种公共语言所支持，它的那些用来调节语词之恰当用法的规范赋予了意向状态以内容……这种实践限制了一个观察者能够根据行动主体的行为进行一种什么样的归因。但是，它们也从规范上限制了行动主体的进一步行动。那些承认观察者有权将特定意向状态归属于它们的行动主体，应当致力于实施与那些意向状态相一致的进一步行动。如果我对你说，我打算去散步，那么我就应当承认，这个表述允许你把去散步的意向归属于我；我已经授权你期待我去散步，因此我将自己置于了一个要去散步的承诺之下［其他条件不变（ceteris paribus）］。”

［3］在近来关于延展心灵假设的讨论中（Clark 2008；Clark and Chalmers 1998)，批评者们已经诉诸布伦塔诺的观点，即非派生的（心理状态）意向性是心理之物的标记，而且，这种非派生的意向性完全存在于头脑之中（Adams and Aizawa 2008；2009）。相反，如果操作的（具身的、生成的）意向性在这里所赞成的意义上是原始的、非派生的，那么这可能就给了延展心灵的辩护者一种可能的回应（参见 Gallagher and Miyahara 2012）。

5. 具身与质素之维

5.1 质素[①]：一个感觉概念

82 自从柏拉图写下《泰阿泰德篇》(*Theatetus*) 之后，“感觉”概念就成了哲学史中恒常讨论的话题。近代哲学家们要么把感觉刻画为心理事件(如笛卡尔、孔狄亚克)，要么刻画为物理变形(如霍布斯、斯宾诺莎、洛克)，要么刻画为介于心灵和物质的中立性元素(如马赫、罗素)。比朗(Maine de Biran) 正确地指出，“感觉”这个术语意味着太多东西：

> 如果你们实际上在用“感觉”这个词，一会儿表达一种简单的感受变化，一会儿又表达一个由印象、运动、操作等构成的产物的话，那么难道你们就不担心，同样的表达常常也会把完全不同的东西混淆在一起，甚至也会证实那些我们总已经十分倾向于认为是幻觉的东西吗？(1929，54)

格式塔心理学家质疑这种传统的感觉概念。例如，考夫卡(Koffka) 就认为，感觉“当然是人造物，但也不是任意的，它们是最终的、由各种

① 译者将“hylé”译为质素，取质料和素材之意，亦可与感受质概念相对应。——译者注

成分构成的整体，通过‘分析的态度’，自然结构可以被分解为这样的整体”（引自 Merleau-Ponty 1962，10n4）①。感觉不是任意的，这句话似乎暗含着这样的意思，即感觉只是一个抽象的概念，在知觉的根基处，实际上有一些自然事件或者体验内容是不能任意改变的。然而，梅洛-庞蒂做出了一个更强的论断：感觉是人造物，是抽象的“分析的产物”，它们在我们的体验中找不到任何能够与之对应的东西（1962，3）。

对传统感觉概念的担忧促使胡塞尔用“*hylé*”（hyletic data，质素） *83*
代替了原先使用的“*Empfindung*”（感觉）。“hylé”是古希腊词“ὑλη”的拉丁语写法，其本义是“质料”（*Materie*）或“素材”（*Stoff*）的意思。胡塞尔把“hylé”与康德的“质料”或“感觉内容”（*Empfindungsinhalte*）概念关联在了一起。简单说来，康德区分了认识的质料和形式方面。对于胡塞尔来说，“hylé”指的是无形式的内容，它们具有获得形式的潜能。这样的内容有很多，例如“颜色-材料、触觉-材料和声音-材料，等等——感官的快乐、疼痛、痒感，等等；无疑还有属于‘本能’（drive）领域的感官要素”（1982，192/203；也参见 1977，166）。尽管胡塞尔所列出的这些感觉内容并没有告诉我们质素材料究竟是什么东西，但它指出了质素材料的两种一般类型：一种是朝向外部的感觉活动的结果，另一种则与身体过程和体验相关，例如，触摸、压迫、温暖、冷，以及疼的感觉。虽然质素材料并不是某些我们可以直接意识到的东西，但它们却以某种特定的方式成为意识的某些方面。因此，它们不是生理学事件（physiological happenings）。依照胡塞尔，质素材料本身并无意义，它们是意识的体验性成分，在日常体验中这些成分并不能被直接知觉到，但我们却可以通过反思意识到它们。

胡塞尔给出了八条原则来引导我们理解质素材料[1]：

（1）质素材料是立义-立义内容（*Auffassung-Auffassungsinhalt*）模式中的内容。简便起见，我将这一模式称作意向活动模式（noetic schema）。这一模式的意思是说，质素通过某种具有不同意向特征的意向立义活动而被报告或得到解释。对此，胡塞尔给出了这样的解释：

① Kurt Koffka，“psychologie”，in *Lehrbuch der Philosophie*，edited by M. Dessoir，vol. 2，*Die Philosophie in ihren Einzelgebieten*，Berlin：Ullstein，1925，p. 548. ——译者注

> 我们把这些具体的体验材料看作那些范围更广的具体体验的组成成分，后一种体验整个来说是意向性的；更确切地说，在那些感性因素之上有一个似乎是“赋予灵魂的”（beseelende）、赋予意义的（或者说，本质上暗含的赋予意义的）层次，具体的意向体验通过这一层次从本身不具有任何意向性的感性材料中产生。（1982，192f/203f）
>
> 84 一个意识行为，例如知觉，建立在对“立义-内容”模式的前反思的实行基础之上。但质素材料和起激活作用的立义都不是知觉对象；毋宁说，它们是构成一个对象之知觉性质的操作条件和必要条件。

（2）尽管质素是显象（appearances）的一个必要条件（*sine qua non*），但它并不一定要被立义所激活或赋予意义（例如，1982，192/204）。因此，这似乎是说，存在一些盈余的、不处于意向活动模式中的质素材料。质素材料不只包括那些进入认知过程的质素材料。这种观点似乎与当代的神经心理学的观点一致。当代的神经心理学认为，进入生理层面的刺激要多于有意识的目的（conscious purpose）之需求。只有那些与意向性投射（project）相关的刺激才可能被整合进意识的层面（参见 Marcel 1983）。

（3）质素材料是非意向性的，但它进入了意识的意向性结构。胡塞尔将它们称为意识的**实项的**（reell）成分或要素，它们以某种方式“呈现”（present）在意识中。

> 所有活生生的体验都可以分成两种基本类型：一种是由那些“关于某物”的意识行为所构成的活生生的体验。这些体验“指涉某物”。另一种体验并不指涉某物。例如，被感觉到的颜色就并不指涉任何东西。（1982，192/203）
>
> 质素材料没有内在的意义。意向活动的立义将意义赋予这些材料。质素是“没有任何意义的非理性材料，但是，它们能够通过理性化的方式被通达”。（1982，197/208）

（4）质素材料是只有在反思中才能被抽象地把握到的前反思的体验。胡塞尔把这种反思称为“质素反思”，并且认为，这种反思包含一种抽离活动，即把质素从它在意向活动模型中的角色中抽离出来。也就是说，质素材料是抽象物。在这一点上，胡塞尔强调，反思能够“产生新的现象”并使其对象变形。

（5）质素材料组成了一条持续变化着的感觉材料（sensed material） 85
流。尽管如其自身而被体验的对象在某些情况下能够在时间中保持不变与同一，但质素性的底层结构（sub-structure）依然在持续变化。例如，在一个不断变化的知觉意识中保持不变的、作为意向相关项的颜色是“在一个连续多样的颜色感觉中被侧显的”（1982，226/237）。

（6）质素材料始终是一个感觉场或感觉格式塔（gestalt）的成员。

> 准确地说，属于对象的视觉材料，或者一般地说，属于任何知觉对象的视觉材料，都拥有一个体验的质素统一体，一个封闭的感觉场域格式塔（*Feldgestalt*）的统一体。（1977，154）
>
> 所有试图以反思的方式对特殊材料进行抽象的做法，往往都会打破质素格式塔的统一性。

（7）质素材料被认为总已经在那里存在并始终是可获得的。对于激活它们的意识立义来说，质素材料是预先被给予的。立义是对预先存在的感觉材料的“激活”。“在立义开始的瞬间，一部分感觉材料总已经失效了，并且只暂时保留在意识中”（1911，110/147）。威廉·麦肯纳（William Mckenna 1982）精辟地阐明了这一点，他描述了自己突然觉察到这样一个事实的体验，即在某些时候，他早已闻到了烹饪的香味，但这种香味并未在一开始就以这种方式被记录下来。对他来说，在他意识到这种香味或者能够对之进行解释之前，这种嗅觉就已经存在了，而且正在触发他的感觉系统。

（8）质素材料以某种方式与人的身体相关。就质素材料与身体的关系而言，胡塞尔的思想一直在不断发展，而且有时是模糊不清的。作为以现象学家的身份来工作的胡塞尔，排除了一切与身体在知觉中的物理表现有关的理论。实际上，身体早已在悬置中被放在了括号中。因此，胡塞尔写道：

> 质素材料是颜色材料、声音材料、嗅觉材料、疼痛材料等 86

等，它们被纯粹主观地思考，因而不涉及身体器官或任何心理物理之物。(Husserl 1977，166—167)

胡塞尔特别小心地避免将质素材料与被知觉对象的性质相混淆。此外，正是在对某人自己身体的知觉中，这种区分才能得到揭示。例如，在牙疼的情况下，“被知觉的对象并不是如此被体验到［经历到］的疼痛，而是在一个超越的指涉中与牙齿相关的疼痛”(2001a，770—771/866)。那么，很明显，质素材料并不属于向意识显现的身体（作为客体的身体），而是意识的实项内容，这些内容对于身体的构造，例如疼痛的身体的构造而言是必要的。

5.2 对胡塞尔理论的批评

赫伯特·施皮格尔伯格（Herbert Spiegelberg 1960，148）在他对现象学运动的历史描述中写道：“胡塞尔似乎从未对质素材料的状态感到满意过。”其他现象学家也表达了他们对胡塞尔理论的不满，其中包括古尔维奇、梅洛-庞蒂和萨特。古尔维奇和梅洛-庞蒂对传统感觉理论的反驳同样适用于胡塞尔的质素概念。质素材料是抽象物，它由反思对象化，并不真实地存在于体验中。古尔维奇（1962，175—286）和梅洛-庞蒂也都否认意向活动模型的存在：

> 不与其他感觉或他人的感觉相沟通的质素和感觉是不存在的，基于同样的理由，也不存在这样的形式（morphe）、立义或统觉，其职能是赋予质料以它所没有的意义。（Merleau-Ponty 1962，405）

依照梅洛-庞蒂，知觉是首要的，而**“质素-形式”**（hylé-morphe）的区分则是抽象的产物。

> 当我先于任何对象化的反思考察我的知觉本身时，我从未觉察到自己被封闭在自己的感觉中。(1962，405) 前反思的体验是一个已然在知觉着的统一体，一个已然被知觉的场域。(1962，241)

胡塞尔预见到了这些反驳。他提醒我们注意反思具有变形和对象化的危险。他与古尔维奇和梅洛-庞蒂一样认为，质素材料始终是一个感觉场的成员，而且恰恰在知觉中有一个意向性的统一体。然而这里有两个异议，它们完全反对并超越了胡塞尔的理论。首先，古尔维奇和梅洛-庞蒂反对“立义-内容”这一（意向活动）模型。其次，与此相关，梅洛-庞蒂与古尔维奇一致认为，我们可以获得的最简单的感觉所予物是一个感觉场，它“已经被赋予了一个意义”，从而并不需要立义活动再赋予它一个意义（1962，4）。处身于一个场域中恰恰就意味着有一种特别的语义“归属”(semantic belonging)，有一个由该场域所规定的特定的意义。这也就意味着感觉体验从一开始就是意向性的：“感觉就是意指诸性质（qualities)”(1962，4)。这些性质并非感觉，“它们是被感觉者（*sensibles*)，而且性质也不是意识的一个元素，而是对象的属性”(1962，4)。

因此，如果使用胡塞尔的术语，梅洛-庞蒂会说意识整个地是意向活动的和意向性的。在意识中并不存在任何所谓的质素材料。尽管胡塞尔自己对反思有所警惕，但他仍旧把质素材料与感觉性质混淆在了一起，感觉性质属于客观世界，它们只是意向性地而非实际地作为体验的组成部分被包含在意识之中。胡塞尔可能会说，他将“不再把质素材料与物理事物的显现成分混淆在一起，例如颜色、粗糙程度等”(1982，192/203)，但他之所以这么说，仅仅是因为他已经通过反思把质素材料从意向性地隐含在世界中的知觉过程中抽离了出来（Merleau-Ponty 1962，226)。因此，就意识而言，胡塞尔所指涉的质素确确实实是超越的。

萨特对胡塞尔的理论提出了相似的批评。在他看来，胡塞尔试图通过
将质素材料成分引入纯粹意向活动意识来克服笛卡尔的二元论，即把作为 88
思维者（*res cogitans*）的意识与作为广延之物（*res extensa*）的世界贯通起来。对萨特来说，如果质素是某种东西的话，那么它一定是超越于意识的，它不但不会克服二元论，反而会使二元论变得更为复杂（1956，lix)。依照萨特，如果质素有**职责**（*officium*）或义务将实在引入意识的话，那么它需要具有阻力（resistance）的特征。但是，质素显然并不具有这种阻力，因为意识在甚至根本没有意识到它的情况下就超越了它。结果，质素非但没有说明任何东西，自身却反倒成了问题。

在赋予质素以物的特征和意识的特征时，胡塞尔以为他打开

了二者间的通道，但他实际上只是成功地创造了一个既不被意识所承认又不能归属于世界的杂交物（hybrid）。（1956，lix）

萨特总结说，质素材料概念是一个纯粹的虚构，它“不对应于任何在我之内或在与他人相关时所体验到的东西”（1956，314）。

昆汀·史密斯（Quentin Smith 1977）重申了相似的结论。他指出，即便某人听信了胡塞尔的话，并且遵循了他关于反思地把握质素材料的教导，他也仍然无法在意识中揭示出这样的材料。依照胡塞尔，我们可以把质素材料从“立义-内容”这一进行赋义的意向活动模型中抽离出来，从而反思地直观它。因此，在史密斯看来，质素材料的区分标志就是所有解释与意义的缺席。然而，当我们完全依照胡塞尔的教导，试图把这些质素材料从所有可能将其翻译为性质之显象（appearances of qualities）的解释中抽离出来时，我们发现，根本不可能直观到质素这样的东西：

> 事实上，我遭遇了对我的直观理论的摧毁。我意识到对质素的直观是不可能的。因为我正试图直观的感觉不能被直观为任何东西。理由在于，如果它被直观为一个特定的“什么”（what），那么这个“什么”将构成对感觉的解释。（1977，363）

89 举例来说，假定质素性的白（whiteness）被包含在对一张白纸的知觉中：

> 由于被直接给予我的反思的东西是**纸的**颜色，所以我必定不能把白（the white）立义为**纸的属性**。我必须尝试着看见一种“原始的白”（raw white）。在某种程度上我似乎可以这么做。我能在我的心智面前把握住白（the white），并将其看作“白”（whiteness）。（1977，365；强调为原文所加）

现象学家是否已经达到了对质素材料的直观呢？答案似乎是“没有”。我所做的一切都是去直观这张在我的知觉中被给予的纸的白色，但却是在把这种白色与其知觉的被给予性分离开来的抽象活动中思考它的。我已经抛弃了其对象的意义，取而代之的是一种新的意义，即由我的反思意识所设定的“质素感觉”(hyletic sensation)的意义。我所做的一切都是为了把纸的白色引入我的意识的一个假定的成分中去。如果真有人试图考察胡塞尔的文本，以期找到对纯粹质素材料的描述的话，那么他也只能找到一些对“性质-显象”(quality-appearances)的描述。换言之，正如梅洛-庞蒂、古尔维奇、萨特以及其他人所指出的那样，质素材料最终被证明是一些“感觉-性质”(sense-qualities)，它们属于对象世界，并意向地显现在意向行为的意向相关项中。

既然我们不能反思地直观质素材料，或者说，既然我们似乎在任何想要直观它们的时候都只能获得一些对象性的“感觉-性质”，那么我们难道就应该简单地得出结论说质素材料不存在吗？这种论证代表了一种**诉诸无知**(*argumentum ad ignorantiam*)的做法，也即是说，由于我不能现象学地直观质素材料，所以我就认为它们不存在。有人可能会以同样的方式反驳说，由于我不能现象学地直观我的睡眠状态，所以我就认为我没有睡觉。因此，质素材料似乎仍有可能存在，只不过它不能被现象学地直观到。然而在这种情况下，问题就变成了：有哪些证据可以证明质素材料是存在的？

5.3 质素与感受质

我注意到，在关于质素材料的争论中所达成的结论与很多人在当前关
于感受质(qualia)概念的争论中所达成的结论十分相似。感受质，也即 90
意识的性质感受或现象性感受，或者如托马斯·内格尔(Thomas Nagel 1974)所言，对某物之体验也就意味着“成为……是什么样子”(what it is like)。举例来说，迈克尔·泰伊(Michael Tye 2000, 48)针对感受质概念指出，“根本不存在作为体验性质的那种东西……即便它们是某种东西的性质，它们也只是外表面(立体或平面)的性质”。胡塞尔的质素材料概念似乎以某种方式与感受质问题关联在一起。看红色与看绿色具有不同的感受。吃巧克力与吃花椰菜也有不同的感受。在不同情况下似乎存在着属于体验本身的不同性质特征。质素材料和感受质是同一个东西吗？它们二者似乎都意味着对红色的红(redness)或巧克力的味道的感觉。或者说，质素材料应当被看作支撑感受质的某种东西——某种使我们能够体验到巧克力的味道的东西。即使质素材料概念与感受质概念并不完全相同，二者之间至少也存在某种相似性。质素与感受质都被看作前反思体验

或一阶（现象性）体验的质料（matter），它们都可以通过反思或内省来获得。二者都包含感觉体验——颜色、声音、味道。它们二者在同样的意义上都被认为是非实存的：它们是抽象的产物，或者是把对象性的/意向的性质错误地当成了内在的或现象性的性质。的确，一旦我们摒弃了意向活动模型（正如古尔维奇和梅洛-庞蒂试图做的那样），就不存在质素材料和感受质之间的差别了。

我们来考察一下丹尼特在他的名篇《消除感受质》（“Quining Qualia”，1988）中所驳斥的那些对感受质的一般理解。首先，感受质在某些时候被视为由外界刺激所产生的原始的感觉体验。[2]但我们是否应该认为，我们所体验到的不是属于苹果本身的红，或者某种饮料的味道，而是其他东西？另一种一般的理解是：我们**把握到了**（apprehend）感受质，但是，当我们的把握随时间变化时，感受质作为中立的东西始终保持不变。这就与如下这种观念关联在了一起，即感受质是内在的、本质的、固有的，而非关系性的，它**与我们对世界做出反应的倾向无关**。更进一步的一种观点
91 认为，感受质能以某种方式独立于（或抽离于）体验的其他成分。丹尼特采取了与史密斯反驳质素的论证相似的方法来驳斥如下这种观念，即我们可以把感受质与其他一切东西分离开来。

> 某人在模糊的想象中摆出这些例子，剥离掉其他成分，逐渐达到本质性的东西，留下它们共同的剩余物，也即不同个体在不同情况下看、听、感受、品尝、闻东西的方式，这些方式独立于那些个体被刺激或非知觉地（non-perceptually）被触发的方式，同时也独立于他们接下来如何行为或相信的方式。错误并不在于假定我们能够在实践中始终确定地实行这种纯化行为。毋宁说，更根本的错误在于假定存在这样一种剩余的属性需要我们认真对待，然而，我们想要把这些情况分离开来的尝试可能是不确定的。(1988，45)

因此，就当代功能主义者对意识的解释而言，感受质与质素材料应该一道被排除。被体验之物的属性，例如苹果的红，不应与意识的属性或产生意识的生理过程相混淆。正如丹尼特所指出的那样，“‘被体验之物’的属性不应与使体验得以实现的事件之属性混淆在一起”（1988，72）。

下面，我将结合生成的（enactive）和延展的（extended）认知概念来具体分析这种当代的争论。虽然这两种进路都承认心灵并不简单地“在大脑中”，而且也认为，认知过程分布于大脑、身体与环境中，但它们仍旧在很多论题上存在分歧。延展心灵论者主张对认知进行功能主义的解释，而轻视身体的作用（例如，Clark 2008）。他们认为，认知和行动可以包含心灵表征（例如，Clark，Clark and Grush 1999；Rowlands 2006；Wheeler 2005）。相反，生成论者则坚持彻底的具身性（例如，Thompson and Varela 2001），并坚持反对表征主义（例如，Gallagher 2008a；Hutto and Myin，2013；Thompson 2007）。就现象意识而言，也有一些争议与我们在这一章中的讨论有关。

生成主义者（enactivist）对传统的感受质观念和内在主义的感受质观 92
念发起了挑战。因此，诺伊（Noë 2004，227）认为，一般来讲，“规定现象学［也即现象性质］的东西不是由刺激本身所激起的神经活动，而是神经活动被嵌入到感觉运动之动力机制中的那种方式”。尽管一个如克拉克（Clark 2008）这样的延展心灵论者也会赞同诺伊对反对感受质的具身技能（embodied skills）的强调，但克拉克（2009，963）避免采取一种关于意识的强外在主义立场，而且也从他关于延展心灵的观点中排除了现象性。他反对这样一种观点，即意识或“我们的质的心灵生活［那种似乎在刻画一个主体之体验的难以捉摸的‘成为……是什么样子’（what-it-is-likeness）］”能够分布于大脑-身体-环境中。他尤其反对考斯梅里和汤普森（Cosmelli and Thompson 2010）、诺伊（2004）及其他学者针对生成解释所提出的观点。克拉克总结道，“现在看来，在动力学的、生成论的阵营内没有好的理由来接受延展的意识心灵的观点”（Clark 2009，964）。就此而言，他援引并赞同杰西·普林茨（Jesse Prinz 2009）的观点，后者也反对那些试图表明现象意识如何可能在本质上被具身化的解释。

> 那种认为意识延展到身体中的观点，比起意识渗漏进世界的观点来说，只是稍微显得合理一些。在大脑之外，我们从未发现任何能够作为体验相关项之候选项的细胞。这样的细胞可能必须在内容和时间进程中随意识状态一起变化。我们所能体验到的身体的每一组成部分都在大脑中得到表征。当相应的大脑区域受到损伤时，特定的体验也会随之消失。相反，在身体损伤之后，身

> 体性体验仍能延续，例如幻肢的疼痛。简言之，几乎没有理由认为体验的相关项已经超越了颅骨的屏障。(Prinz 2009，425)

争论的一端所关注的问题是，我们如何能够理解因果的和构造的机制，因为只有这些机制才能解释“成为……是什么样子”或意识的质的方面是如何产生的。也即是说，关键问题涉及现象意识或感受质的媒介（神
93 经过程 vs. 非神经过程）。在内在主义者看来，神经过程构成了感受质；非神经过程至多参与了因果关系的构造。然而，争论的另一端所关注的问题是内在的、现象性质的存在，就此而言，有人可能会认为，生成主义者应该与像丹尼特这样反对感受质的人站在同一阵线上。

如果某些像克拉克这样的功能主义者倾向于一种内在主义的现象意识的观念，而像丹尼特这样的哲学家则倾向于一种新行为主义的解释（即认为，根本不存在感受质这样的东西）的话，那么我会认为，支持生成论的现象学家（enactive phenomenologist）并无必要选择任何一种立场。为了说明这一点，我想指出，不论是在关于质素的争论中，还是在关于感受质的争论中，人们都忽视了某个重要的东西。更明确地说，正如我已经表明的那样，我并未宣称质素材料的概念与感受质的概念是同一的。我只是说，二者之间有相似性，而且反对二者的论证也具有相似性。现在我想要指出的是，不论是在胡塞尔的质素学说中，还是在反对质素材料与感受质概念的批评中，就体验某个东西“是什么样子”这一问题而言，身体的角色始终是被忽视的。就这些争论而言，只有把身体的角色置于讨论的中心，我们才能朝向一种（与功能主义-行为主义的立场，或功能主义-内在主义的立场相对立的）更加生成的-现象学的（enactive-phenomenological）立场。

5.4　具身与质素体验

对于胡塞尔来说，身体是被悬置的对象，而且先验地就是一个晦暗不明的问题。对于功能主义的心灵哲学家来说，身体只不过是一个生理学的、机械的处理器。只有在抛弃了身体存在的某个方面之后，纯粹先验的态度与纯粹功能主义的态度才能得出这样一个结论，即在体验中根本不存在所谓的质素或感受质。

一方面，上述对胡塞尔质素理论的批评是十分有力的，因为它们坚持

认为质素材料是抽象物，而作为这样的抽象物无法在体验中找到。因而，
如下这种说法似乎也是对的，即没有哪种质素不与其他感觉相勾连。不存 94
在孤立的材料。首要的一点是，在进行任何反思之前，总已经有一个场域或格式塔了，而且从宽泛的意义上来说，该场域总是一个联觉场（synaesthetic）。然而，在另一方面，批评者错误地将质素体验与对象的或显现着的感觉-性质等同了起来，而这些性质本来属于对象领域，并且只能意向性地在意识中显现。基于这种解读，**“是什么样子”**（*what it is like*）就变成了**“它”**是什么样子（what *it* is like）。批评者之所以被诱导着将质素材料与超越的感觉-性质相等同，是因为他们不能**在意识中**找到质素材料。如果如下这种看法是正确的，即质素材料或感受质不是纯粹而简单的主观意识的组成部分，那么这是否意味着，这些现象必须被置于对象的或意向性的秩序中？

就此而论，我们将不得不忽视大量躯体感觉的体验（somaesthetic experiences）——活生生的身体（作为主体的身体）的体验——它们依赖于知觉和其他认知过程，并且似乎是作为一种质素体验而运作的，当然它们也类似于感受质。明显的例子如疼和发痒的现象，这是胡塞尔自己举的例子。然而恰恰是这些与活生生的身体过程相关联的质素体验被胡塞尔和他的批评者们所忽视了。他们只处理与“外”知觉相关联的所谓“外源性质素体验”。由于忽视了**躯体感觉**之质素体验的那些例子，不论是胡塞尔所捍卫的，还是他的批评者们所批评的质素理论都是片面的，而且从一开始就是不完备的。

我们来看看下面这个不完整的清单中所列出的躯体感觉之质素体验的数量和种类：具有不同性质的疼痛、灼烧感、刺痛、瘙痒、皮肤上“蚂蚁爬行”的感觉、眩晕或眼冒金星、无力感、心悸、胸闷、恶心、“如鲠在喉”、饱腹感、腹胀、紧张、胃灼热、发麻、窒息感、心慌、“贲门痉挛感”、颤动、空虚、压力、沉重感、抚慰、沮丧、饥饿、抽筋、肿胀、翻胃、诸如高潮射精和性交感觉一类的情欲感、肠蠕动、“颤栗”、大汗淋漓、四肢发麻、发寒、撕扯、如坐针毡、麻木、虚弱、肮脏感、畅快、头晕、运动中的“笨拙”或迟缓、脸红、因为怀孕而产生的各种各样的感
觉，以及温暖、寒冷的感觉，等等。 95

这些被胡塞尔及其批评者们忽视或无视的例子能否被贬低到超越的对象序列中去？我们来考察一下伴有眼疲劳的头疼体验。在头疼被确认或感

受为“疼”之前，这种躯体感觉体验就已经是一种质素性体验了。当一个人眼疲劳时，在他将疼痛体验**为**疼痛（头疼）之前，他就已经开始体验到阅读困难或环境的变化了。他可能体验到，正在阅读的文本似乎变得越来越难读了，或者房间里的光线似乎也突然变得暗淡了。但是显然，这并不意味着文本或灯光的对象性质已经发生了变化。“成为……是什么样子”（what it is like）不能被还原为文本或灯光的质的属性。此外，当这种质的质素体验被有意识地解释为头疼时，它并未消失；毋宁说，此时此刻这种头疼的体验正如其所是地进行着。之后，如果我以反思白纸的白的方式去反思这种疼痛，并将疼痛的质的质素区隔出来的话，那么我是否只是直观到了我的**作为客体的身体**的一种抽象的属性？是否我体验到的疼痛只是我的**作为客体的身体**的疼痛，就像我所体验到的红是苹果的红那样？这是否意味着痛苦的或疼痛的体验——原本的质素体验——并不存在？

在这里，把以上这些现象当作**“作为客体的身体”**（body-as-object）的对象性特征（也即我知觉为在我的身体中或者朝向我的身体而发生的那些特征），和把它们当作**“作为主体的身体”**（body-as-subject）的某些方面（也即对我体验世界的方式有所影响的那些身体体验）之间，有一个重要的区别。让我们在这一思想处稍作停留。如果我沉浸在痛苦中，那么它将影响我体验世界的方式。我们仍以眼疲劳为例。

> 当眼睛在阅读中变得疲劳时，读者并不首先知觉到他的劳累，而是会觉得光线太暗，或者书太乏味，抑或难以理解……患者并不首先确定他的哪些身体功能出现了障碍，而是抱怨说“一切都
96 不正常了”，“做什么都不成”，或者，环境太“糟糕了”，“让人劳烦”。（Buytendijk 1974，62；参见 Sartre 1956，332-333）

同样，我也可能腿疼。由于疼痛，我会觉得山路比它本来所是的样子更陡峭，或者更具挑战性。在后一种情况下，我的知觉是“痛苦的”——它被一个在知觉中发挥着前意向性（prenoetic）功能的疼痛所感染——这种疼痛不是知觉对象，不是我的腿或山路的属性，而是塑造我的知觉的一个主观因素。通常，不存在简单的、孤立的躯体感觉材料，毋宁说，存在的是构成质素体验的各个方面的一个混合物。

我拾级上山的结果是这样一种知觉，它是由我的痛苦、我的饥饿、我

的栉风沐雨、疲乏、迟缓、举步维艰、满负行囊等感受共同构成的（Bhalla and Proffitt 1999；Proffitt et al. 1995；2001）。经过一晚的休整，山路看上去就相当不同了，它不再那么陡峭，也不再那么令人生畏。这种改变不是因为道路的某种特定的对象性质发生了变化，而是因为我的身体的（质素的）状态发生了变化。这些质素的方面是我的知觉的限定条件——质的感受限定了我以某种特定的方式存在于世界之中。

经过一整天的跋涉、精疲力竭地走在山路上的“什么样”，与经过一夜的休整、第二天清晨重新上路的“什么样”（what it is like）是不一样的。同时，这些体验不是纯粹而简单地被体验的，而是被意向性所调节的。我的身体状态可能处于一种极度的疲乏中，它是我进一步攀登的障碍。当夜幕降临，我停下脚步，卸下行囊，围着炉火小酌一杯，我的身体又将处于安憩饱满之中。然而，如果我的现象性体验不是意向活动模型的一个部分，那么它就不会独立于我的意向和我的环境。

5.5 对生成解释的深化

意向性与质素体验/躯体感觉体验之间的交互调节意味着，我能做什么限定了我知觉事物的方式，而我能做什么本身不仅是由我的身体的物理状态所限定的，而且是由我所处的特定状态的“成为……是什么样子”所限定的。胡塞尔所谓的“我能”（I can）以及吉布森（Gibson）所谓的我 97
的“可供性”（affordance），不仅是由知觉运动依赖性（contingencies）所规定的（Nöe 2004），而且是由前意向活动的质素-躯体感觉的要素所规定的。物体的大小与形状，以及我能用手把握它们这一事实构成了对物体的“可抓取性”（grabbiness），这种说法是不可靠的——如果我的疼痛阻碍或延缓了我的把握，那么物体就不再唾手可得（grabby）了。这同样适用于传统的感受质事例——例如，一种被体验到的颜色并不单纯是对对象之颜色的抽象，它是纯粹在意识中被感受到的——现象性的、被感受到的红色的质。如果我饿了，我可能会把红苹果的红看作一种更鲜艳的红，一种诱人的、令人垂涎欲滴的红。另外，颜色环境的影响会在姿势、肌肉的张力和整个身体的行动可能性中被感受到，就如小脑或额叶皮层功能障碍的情况所表明的那样，此时这些影响并没有被整合到一个意向处境中，也不与特定的任务相适应。

> 能够被当作运动障碍之指示器的那种举起手臂的姿势，会根据视觉场是红色的、黄色的、蓝色的或绿色的而改变其挥动方式和方向。红色和黄色十分有助于平稳运动（smooth movement），而蓝色和绿色则有助于不平稳的运动（jerky movement）；举例来说，右眼看见红色会倾向于把手臂往外伸展；而看见绿色，则会倾向于将手臂向躯干弯曲。手臂的特定位置——处在这一位置上，手臂会感到平衡和放松——对于病患来说要比正常人更为远离躯干，它会因颜色的不同而发生变化：绿色会将手臂拉得更接近躯体一些。（Merleau-Ponty 1962，209；引用了一项研究，见 Goldstein and Rosenthal 1930）

对红色或绿色的体验不仅仅是现象意识的一个抽象状态——它受我们行为的预备状态的影响，行为的预备状态可能被体验为一种不适或尴尬的感受，或者被体验为对采取某个特定行动所做的极端预备状态的感受。

不论我们如何称呼这样一些现象——感受质、质素体验、躯体感觉因
98 素——它们为我们的知觉、行动可能性和认知可能性划定了界限。一项最近的研究显著地证实了这一事实的重要性（Dansiger et al. 2011）。该研究表明，法律推理的理性应用并不能充分解释法官的判决。法官是饥肠辘辘还是酒足饭饱有时会对判决的结果起到决定性的影响。

> 在每一裁定时段（例如从早餐到午餐之间），可能做出有利判决的百分比逐渐从高于65%下降到接近0，在茶歇之后又突然飙升至65%左右。我们的发现表明，司法审判可能被一些与法律判决无关的外部变量所左右。（Dansiger et al. 2011，1）

只有当我们试图把认知理解为某种“脱离身体”（disembodied）的东西时，这些质的质素性因素才显现为“外部的”。显而易见，被告应该在法官宣判之前给他吃一块三明治。

单纯依照现象意识来考察感受质和质素材料当然是一种抽象。依照“大脑-身体-环境”的模型，在一个具身主体，也即生成性地介入世界的语境中考察这些事物表明：我们不应把它们视为无关紧要的东西，而应该探求它们在我们的知觉与认知生活中所扮演的角色。一种生成现象学将只

在这一向度上采用这些观点；对X的体验是什么样子所报告的不仅是认知能力（记忆，想象，辨认）的“知道-如何”（know-how），而且是对介入世界之不同行动的“知道-如何”（“我能”或可供性）。

同时，这些思考也提供了一种更为丰富的生成解释，在这种解释中，我们并未把现象体验还原为诺伊（Alva Noë 2004）纯粹依照知觉运动依赖性或具身技能（对于身体来说，显然不只具有这些技能）所描述的东西，我们也并未后退到一种“脑中感受质”（qualia-in-the-brain）的立场（ala Clark 2009）——相反，我们依照具身的前意向活动过程重构了感受质概念。[3]就此而言，我们可以轻而易举地抛弃感受质或质素材料这样古怪的词汇。但是，仍旧存在着**“某种像是什么的东西”**（something it is like）。不是**“某物”**（it）是什么样的，而是当我体验X时**“我”**（I）是 99
什么样的——在这里，我是指具身主体而非纯粹意识。**对我来说**（for me），对这个与世界打交道的具身主体来说，对X的体验是什么样子。对于这一问题，我们仍需进一步的现象学研究。

5.6 延伸阅读

胡塞尔（1989）给出了他对具身知觉与“我能”概念最系统的分析。梅洛-庞蒂（1962）对片面的理智主义和经验主义的心灵解释进行了批判。瓦雷拉、汤普森和罗施（Varela，Thompson and Rosch 1991）的理论建立在梅洛-庞蒂对具身认知的分析上，同时引入了产生重要影响的具身知觉概念。加拉格尔（Gallagher 2005）对具身认知给出了一个详细的、对现象学具有启发意义的解释。其他那些在现象学中强调意识之具身性质的著作包括莱德（Leder 1990）、维德（Wider 1997）和扎内尔（Zaner 1971）。

【注释】

[1] 更详细的讨论，参见Gallagher（1986）。

[2] 光谱颠倒的思想实验主要关注的是颜色，从这个实验中我们可以看到这一点；例如，体验到的一个红苹果的红。我们也可以在丹尼特的蔡斯和桑伯恩（Chase and Sanborn）例子、嗜好啤酒（acquired taste of beer）的例子中看到这一点，在这些例子中，问题的症结是所体验到的咖啡或啤酒的味道。

[3] 为了尽可能清楚，我建议生成主义者既不应该（1）变得太宽，把体验还原为

纯粹由感觉运动偶然性——这些偶然性是按照构成熟练的感觉运动行为或知道-如何的如果-那么的身体运动逻辑所理解的——所生成的东西（Noë 2004），也不应该回撤到这样的立场，即要么（2）否认现象意识，或把它看作纯粹副现象的（正如我们可以在丹尼特那里看到的那样），要么（3）变得太窄，只把它归属于神经活动［正如我们在克拉克——也包括赫托和敏（Hutto and Myin 2013：第一章）那里看到的那样］：彻底的生成主义者认为，现象性只不过是可被具体规定的活动种类——即使只有神经活动。

6. 时间及对时间的再定义

6.1 体验时间

我们以一种相对有序的方式体验世界。事物在空间中的分布方式是这 100
样的：有些在我的右边，有些在我的正前方，有些则在我的左边；有些在前景中，有些则在背景中。这种空间组织方式，使我们能够随时区分什么是当下触手可及的，什么是当下够不到的；它还使我们可以追踪事物，即使我们的注意力转移到周围的其他事物上，也可以再次返回到它们身上。这种空间组织方式是相对于我们的身体位置而言的。身体在第一人称视角的空间组织和以自我为中心的参照系构造过程中起着重要作用，对此需要详加解释（详见 Merleau-Ponty 1962，98ff）。但是，环境本身并不是完全固定的或稳定的；物体可以移动或被移动。水比盛水的杯子或比我面前放杯子的桌子更具流动性。设想，如果杯子和桌子像水一样流动的话，那么我们的生活不仅会比现在更加混乱，而且我们将无法对物体进行分类。我正要读的这本书上的一行行字可能会窜到盛水的玻璃杯里，然后开始沉到桌子里。万物将以这样的方式不断融合在一起，以至于我们所有人都需要像化学家一样，终其一生都在分子水平上对物体进行区分。在没有这种本体论流动性的世界中，很难保持哲学上的区别。

现在，我们从时间的维度上来考察一下这种流动性。的确，在这一维 101

度上，人们可能会倾向于认为事物事实上就具有很强的流动性。毕竟，哲学家倾向于谈论时间流和意识流（Bergson 1999；Husserl 1991；James 1890）。然而，这个时间流有某种重要的秩序。我们能够区分过去和现在，现在和过去。我们可以说一个事件先于另一个事件，另一个事件后于这个事件。如果情况不是这样，那会是什么样子呢？人们可以很容易地设想一个事件与另一个事件融合在一起或者同时发生。实际上，这样的事件一直在发生。有时，甚至在我们对事物的觉知或记忆中，各类事件似乎融合到了一个体验中，或许还具有不同程度的融贯性。当我读这本书时，我可能正在听音乐，等待水壶烧开，而与此同时，我可能也觉知到孩子们在隔壁房间玩耍。前面提到的空间分布有助于我们将这样一些东西区分开来。但是，如果过去-现在-将来的区别崩溃了，那么会发生什么情况呢？如果我无法按时间顺序区分现在茶壶的哨响，昨天孩子们的玩耍，以及明天要听的音乐，那么情况会是怎样的呢？或者，以现象学家最爱举的例子来说，如果我正在听的旋律的音符全都混在一起作响，而我无法将之前的音符与当下的音符区分开，那么情况会是怎样的呢？想象一下，有这样一种高科技设备，它的设计目的是增强你聆听音乐的愉悦感，使你的聆听更加高效，可以在原来听一首歌的时间内听一百首歌。我们暂且将这样的设备叫 iPod 2050。它的先进技术可以通过记录一首乐曲的所有音符并把这些音符同时播放出来而达到这样的效率，因此你在一瞬间就可以听完整首歌。

幸运的是，世界不是以这样的方式运行的。你可能会认为世界本身就在做一些将各种事物从时间上进行排序的工作。但事实并非完全如此。我们作为有意识的行动主体也必须做一些这样的工作。在一种极为少见的情况下，我们视觉体验的时间结构会遭到破坏。只要来考察一下这种情况，那么，我们为什么要有意识地进行时间排序的工作这个问题就能得到说明。这种情况就是运动失明（motion blindness）或运动失认症（motion
102 agnosia）。内侧颞叶皮层的神经元过程专门用于运动的视觉探测。这部分皮层的损伤，如中风，会导致这样一种情况，即对形式和颜色的视觉可能得到了保留，但对运动的知觉却遭到了破坏。患有运动失认症的人每次会在几秒钟的时间里体验到世界似乎是不动的，它被封冻了起来。对患者来说，世界上的事物在那个时间段内是静止的，但之后又似乎突然开始跳来跳去，被重新安排在了新的位置上。患有这种病症的人，在准备穿过一条繁忙的街道时，会看到街上无数的汽车是静止不动的，但而后又突然看到这些汽车全都跑到了离此前位置几十码远的地方。也许以声音为线索，病人可能知道车在移动，但却完全看不到它们的移动。在视觉上，对这样一个人来说，世界的时间结构似乎是截然不同的（参见 Schenk and Zihl 1997；Zihl et al. 1983）。这种情况表明，即使世界本身是以有序的时间方式被建构的，但我们体验这种秩序的方式却取决于我们的体验的建构方式。

让我们回到我正在听的旋律这个例子上来。旋律展开为一系列音符，而每一个音符都需要一小段时间来发出声音。我究竟如何才能听到一段旋律？似乎我必须一次能够听到不止一个音符才行。例如，如果我只能听到当前正在发声的那个音符，那么我就只有对一个音符的知觉。因此，如果我确实**听到**了一段旋律的话，那么我听到的音符肯定比正在奏响的音符要多。我还必须听到此前已经被演奏过的音符；如果我想说我确实听到了一段旋律，那么我必须听到一系列前后排序的音符。可以说，我必须能够听到旋律的运动。描述这一过程的部分困难在于，不仅旋律在随时间流动——因为它是具有其自身时间结构的时间对象，而且**我的体验**也在流动——也就是说，它在持续不断地变化，因此，我们可以说，当你在意识时刻（A）读“意识时刻”这个短语时，意识时刻（A）本身已经过去了。当你读到这个短语的末尾时，即将变为当前的意识时刻（C）尚未到来，尽管它很快就会到来。当你刚刚正在体验意识时刻（C）时——（C）现 103
在本身已经不再是将来，而是刚刚过去，过去的意识时刻（A）沉入到了更遥远的过去。除非意识本身停止了，否则意识的这种运动、变化或流动绝不会停止。

6.2 胡塞尔的分析

胡塞尔在 1905 年的一系列演讲和之后的许多年里，提出并完成了意识的时间结构理论。他的论述受到了许多思想家的影响，包括布伦塔诺、威廉·詹姆斯以及心理学家卡尔·施图姆夫和威廉·斯特恩（William Stern）。[1]我不是要将胡塞尔思想复杂的发展过程重复一遍，而是要对其基本思想做一个总结。

我的体验的每一时刻似乎都只存在片刻，然后逃逸到了过去，即使我意识到的对象仍然在场，而且并未发生变化。假如我意识到的对象本身是一个时间对象，它在经历持续的和明显的变化，如一段旋律，那么事物会变得更加复杂。在这种情况下，我们要解释两种相继：意识的相继流动和时间对象的相继。在某种程度上，随着旋律在时间中的终结，意识的不断流逝能够保持旋律的一种有序感。根据胡塞尔（1991）的观点，这些时间对象的意识与意识本身的时间结构在整体上是关联在一起的。

意识始终包括对当前所体验的事物的一种狭义指向的意向性把握，例如，一段旋律中正在奏响的音符，一个言语行为中正被说出的某一个单词，或任何持存的对象的当前阶段。但是，这种**原印象**从来不会孤立地发生；就其本身而言，它是一种抽象，这种抽象无法赋予一个持存的客体以连续的感觉（sense）。依照胡塞尔，意识包括另外两个结构方面：滞留（retention）、前摄（protention）。滞留为我们提供了一种对持存的对象刚刚消失的阶段的意识，从而为我们提供了一种指向过去的时间背景；前摄
104 以一种或多或少不确定的方式预期了某个即将被体验到的东西，从而为原印象提供了一个指向将来的时间背景。

拿胡塞尔最喜欢的例子来说，如果我们正在听音乐，这时意识的滞留能力使我们能够保留以前的音符或度量（measure）的意向性感觉，即使这些音符再也听不到之后，我们依然能够获得它们。此外，当我聆听音乐时，我对下一个旋律有一种预期的感觉，或者至少对于旋律正在走向某个不确定的终点有一种预期的感觉。意识行为的前摄方面也考虑到了对惊讶或失望的体验。如果旋律提前中断了，我就体验到了一种不完整的感觉，这完全是因为我的意识对即将到来的体验过程会带来什么有一种预期，即使这种预期相对而言仍然是不确定的。

根据这种解释，滞留并不是我们所听到的意识中的一个特殊的东西；毋宁说，通过滞留我们把刚刚过去的音符体验为**刚刚过去的**。此外，在意识的滞留方面（这是意识的当前特征）与被保留的东西（the retained）（刚刚过去的东西）之间不存在共时性（simultaneity）。刚刚过去的音符在意识中不再在场，它们和回声不一样；毋宁说，它们被体验为刚刚发生的什么东西，确切地说，是刚刚过去的东西。意识保留了对刚刚体验过的东西的感觉，不是通过保留事件本身，而是通过对刚刚过去的意识阶段的默会的（tacit）或前反思的觉知。

在观看赛马比赛时，我们的知觉可不是仅限于对马飞奔之瞬间的无绵

延的抓拍——要是这样的话，我们也许根本感觉不到马在飞奔。从知觉上看，似乎并不是马在每一个新的时刻突然从什么地方冒出来的。一方面，我们想说的是，我们实际上知觉到马正在飞奔，而不是先知觉到它们的当前位置，然后再在这一知觉上加上对它们前一刻位置的回忆。我们不会为了建立马当前位置的时间背景而实行一种对记忆进行比较的行为。另一方面，并非比赛的所有先前部分都以与马当前的位置相同的方式在知觉上保持在场。如果是这样的话，那么它们就会在知觉上充满刚刚穿越的整个空 105
间。过去的运动并没有以某种模糊的幽灵般的方式保留在知觉中。滞留并未在意识中留下一幅幅渐渐模糊的图像，毋宁说，在每一时刻，我们所知觉的东西都被嵌入了一个时间的视域中。我所看到的东西是之前已经发生的东西的一个部分，或者一种延续，或者一种对比的变化，之前已经发生的东西在意向性上仍然被保留了下来，以至于当前时刻被看作整个运动的一部分。意识通过刚刚发生的**意义**或**含义**保留了刚刚过去（just past）的东西。

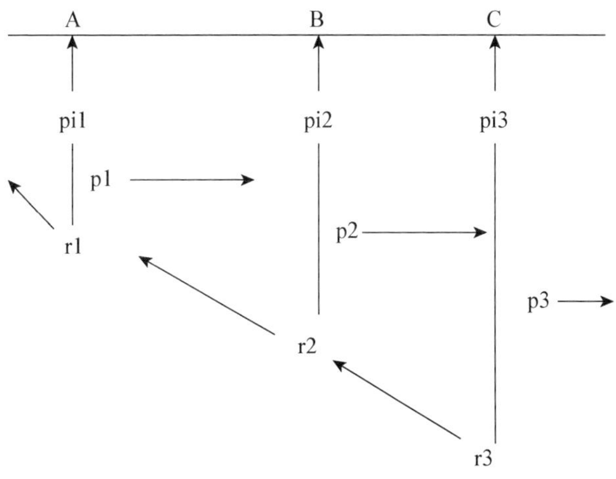

图 6-1　胡塞尔的时间意识模型（Gallagher 1998）

图 6-1 概述了胡塞尔的模型。横线 ABC 代表时间对象，例如，由几个音符组成的一段旋律。竖线代表一个持存的意识行为的抽象的瞬时阶段。

每个阶段由三个功能构成：

原印象（pi），它为与意识的当前阶段同时发生的对象意识（如音符）做好准备；

滞留（r），它保留先前阶段的意识及其意向内容；

前摄（p），它预期即将发生的体验。

106 尽管此结构的特定体验内容随时间逐渐变化，但在任何给定的时刻，滞留—原印象—前摄这个三重结构（RIP）始终作为一个统一的整体（共时性地）存在。

> 如此一来，显而易见的是，具体知觉就是时间扩展对象的原本意识（原本被给予性），它的内在结构本身是一个流动的瞬间知觉（所谓的原印象）系统。但是，每个这样的瞬间知觉都是连续性的核心阶段，一方面是连续的瞬间顺次排列的滞留，另一方面又是即将发生的事情的视域，即"前摄"的视域，据称其特征为不断地顺次排列地到来。（Husserl 1977，202）

胡塞尔指出，滞留包含一种双重意向性。滞留可以保留对特定体验对象的意向性感觉，即使它已经滑入了过去。他把这种意向性称为**横向的**意向性（*Querintentionalität*）。此外，既然滞留是对体验本身的一个过去阶段的滞留（一个过去阶段被嵌入另一个阶段，如此不断），那么，**我**就是那个刚才拥有这种体验的人的统一感（unitary sense）就被嵌入了这种滞留的功能。体验并不是一种自由漂浮的匿名性的部分；它与我的当下体验是连续的；对我来说，它仍然是我的意识流的一部分。胡塞尔将其称为**纵向的**意向性（*Längsintentionalität*）。很明显，横向的意向性依赖于纵向的意向性——也就是说，我对正在过去的对象的体验依赖于对我的正在过去的体验的前反思的保留。

前摄为意识提供了一种有更多东西即将发生的意向性意义。前摄的内容从来都不是完全确定的，尽管在某种程度上，将来本身也是不确定的，前摄的内容可能接近"接下来肯定有某事发生（不确定具体是什么事儿）"这种说法的最一般意义。此外，胡塞尔关于滞留的双重意向性的观点，也适用于意识的前摄方面。我不仅有意识地预期旋律或其他什么东西的后续
107 部分，而且还会预期**我**对即将发生的东西**的体验**。我对旋律的下一个音符，或这个句子的下一个单词，或我将继续思考的东西的预期感（anticipatory sense），也隐含地是这样一种预期感，即这些体验都将是**为我**的体验，或者，**我**将是那个在听、在说或在思考的人。我对正在逝去的或持存

的对象的体验同时也是对我自己不断变化的体验的一种非观察性的、前反思的觉知。

6.3 时间性的普遍性

胡塞尔的分析集中在意识和对时间对象的连贯体验所必需的综合结构之种类上。正如马文·法伯（Marvin Farber）曾宣称的那样，尽管尚不清楚“这些思考是否适用于所有生物”（1928，129），但可以说，正如梅洛-庞蒂所认识到的那样，这种类型的分析也适用于具身行动，而且最近已被应用于生成知觉的动态模型了。

现在我们就来看看在非常基础的早期行动中，时间性是如何发挥作用的。对三个月以下婴儿活动的视频录像表明，婴儿的活动比我们随意看到的更具组织性。与头部的任何部位有接触的所有手臂动作中，有近三分之一的动作会与嘴接触，或者是直接接触（14%），或者是先与面部其他部位接触后再与嘴接触（18%）（Butterworth and Hopkins 1988；Lew and Butterworth 1995）。而且，与触摸面部其他部位的动作相比，最终与嘴接触的手臂动作很多都与张开的嘴或张嘴的姿势有关。在这些活动中，嘴**预期**了手的到来。

在婴儿早期的手口协调中所涉及的预期表明，从出生后不久开始，人类（与最有可能的一些动物）的运动包含一种明显的计时活动（timing），这种计时活动反映了一种内在的或与生俱来的时间性（Gallagher 2011b）。计时与时间性之间的区别很重要。计时是我们可以看到和测度的东西，它可能是偶然的，也可能仅仅是巧合。一种更一致的计时活动的事实，例如，嘴几乎总是预期手的事实，表明在能够这样计时的身体系统中包含更深层的时间过程。因此，这不仅仅是系统执行或处理时间信息的问题；毋 108
宁说，重要之处在于身体系统能够以时间的方式自己组织其信息处理过程及其行为。身体系统要想在其运动中具有预期能力，就需要对即将发生的事情有一种实践的定位能力。此外，出于运动控制的目的，在其整个运动过程中，系统也需要追踪将其带入当前状态的前续动作，如果运动是意向性的，而且如果产生了对运动的有意识的感觉，那么这一点尤其为真。

这种存在于身体运动和行动中的**内在**时间性，在亚个体和个体的分析层面上自身显现，而且在亨利·希德（Henry Head）对身体图式的定义中得到了表达。希德指出，身体图式以这样一种方式动态地组织感觉运动反馈，从而使得对位置的最终感觉“与之前发生的事情建立起了一种关联”（Head 1920，606）。他用出租车的计程器打比方，出租车计程器能随着汽车的运动计算并记录其运动情况。梅洛-庞蒂借用了希德的比喻，认为运动是根据“身体的时间、肉体图式的计程器时间”被组织的（1968，173）。这包括一种将过去的时刻与现在的时刻进行整合的活动：

> 在运动的每个连续瞬间，都不能忽略前续的瞬间。就好像前续的瞬间融入了现在的瞬间。［运动］根据人当前所处的位置，将相互包含并连续的前序位置融合在一起。（Merleau-Ponty 1962，140）

过去对现在的这种影响是一条更广泛地适用于神经系统层面的规则：一个被给予的神经事件通常在先前事件的背景下被编码（Karmarkar and Buonomano 2007），正如我们将在下文中看到的那样，这条规则并不必然适用于线性模式。

运动的这些滞留方面被整合到了一个过程中，该过程包括婴儿手口协
109 调中已经提到的普遍的预期或前瞻方面。经验研究已经表明，预期的或前瞻的过程普遍存在于低层次的感觉运动行为中。例如，视觉追踪就需要对目标的运动轨迹进行时时预测。当我们转弯时，我们注视的目光会预期我们身体的转动（Berthoz 2000，126）。与嘴对手的预期类似，当我弯腰到地板上拿东西时，我的身体预期到身体的重心和角度会发生变化，因此不会失去平衡（Babinski 1899）。伸手抓住一个物体涉及前馈成分（feed-forward components），如果物体被移动，前馈成分可以在最后一刻进行调整。例如，在各种运动控制模型上，发送到比较仪机制（comparator mechanism）的传出运动命令（efferent motor command）副本会在感觉反馈之前创建“对行动后果的预期”（Georgieff and Jeannerod 1998），它可以对运动进行快速校正。前向控制模型（forward control models）具有预期的特征，例如，我伸手拿东西的动作会默默预期要拿的物体（例如，一个杯子）的形状，我的这种预期会根据我打算做的事情进行调整（例如，用杯子喝水或是把它扔掉）（参见 Jeannerod 2001；MacKay 1966；Wolpert，Ghahramani and Jordan 1995）。我拿东西的动作是以一种目的论的方

式形成的。这些例子表明，预期是运动功能的“一个本质特征”，而这也增强了我们根据尚未发生的事件重新组织我们的行动的能力（Berthoz 2000，25）。类似的预期刻画了知觉的感觉方面（参见 Wilson and Knoblich 2005）。既然连婴儿身上都存在这种预期过程，“那么，似乎可以必然地得出这样一个结论：［预期过程］事实上普遍存在于我们所思或所做的一切事情中”（Haith 1993，237）。

对于人类体验和行动而言，不论是预期，还是整个过程的完全内在的时间性，都是不可避免的、普遍存在的和随处可见的。正如贝尔托（Berthoz 2000）所指出的那样，胡塞尔对体验的 RIP（滞留-原印象-前摄）结构的分析是一个很好的模型。许多理论家已经建议使用动力系统理论来捕捉亚人格的过程，这些过程有可能示例胡塞尔的这一模型，并且强化运动性能（Thompson 2007；van Gelder 1996；Varela 1999）。根据这种 *110*
观点，运动和我们对运动的意识是通过大脑及其感觉运动具身的各个分布区域的共同参与而形成的（Varela et al. 2001）。不同神经元功能（neuronal contributories）的整合包含一个过程，这一过程被理解为绵延的三个不同尺度（scale）的一种整合（Poppel 1988，1994；Varela 1999），据说其中的前两个尺度与前摄-滞留的过程直接相关。

1. 基本尺度（1/10 尺度，在 10 至 100 毫秒之间变化）
2. 整合尺度（1 尺度，在 0.5 至 3 秒之间变化）
3. 包含记忆的叙事尺度（10 尺度）

从神经生理学的角度来看，基本的时间尺度与 10 毫秒（即突然活跃的中间神经元节律）至 100 毫秒（兴奋-突触后电位/皮质锥体神经元的抑制-突触后电位序列的持续时间）之间神经元放电的内在细胞节律相对应。这一尺度的神经元过程被整合进了第二个尺度，它在神经生理学层面上包含细胞集群，即具有很强相互联系的分散的神经元亚群的整合（参见 Varela 1995；Varela et al. 2001）。在现象学上，第二个尺度对应于被体验到的活生生的当前，即完全被构造的、正常的认知操作层次；从运动学上来说（motorically），这一尺度与伸手、抓取物体这种简单的行动相对应。

这一分析的重点是将基本尺度的近乎瞬间的处理事件（processing events）整合进整合尺度（integration scale）的延展的当前中。持续时间在 1/10 尺度上的神经元层次基本事件（通过相位同步）同时发生并形成聚合效应（aggregates），这些聚合效应将其自身显现为不可压缩的但在 1 尺度上完整的行为。完成时间并不取决于可通过客观时间测量的固定的整合周期，而是动态地取决于大量分散的组件（assemblies）。此外，整合过程并不必然在事件中保留一个客观的线性次序。例如，

> 111 被一个 100 毫秒的间隔所紧随的 50 毫秒的间隔没有被编码为二者的组合。相反，之前的刺激与后面 100 毫秒间隔的处理过程相互作用，结果是对一个不同的时间对象进行编码。因此，时间信息是在整个模式的背景下被编码的，而不是成分间隔（component intervals）的结合。(Karmarkar and Buonomano 2007，432)

在整合层次上显示自身的时间顺序是滞留功能的产物，滞留功能按照一种生成的、实用的模式（对有机体有用并且对正在进行的或可能的行动键控的模式），而不是按照一些内部的或外部的计时器对信息进行排序。当受试者被要求判断其自主运动的计时和这些运动的效果时，出现的意向性的束缚便是一个例证。受试者判断其自主运动与其效果之间的时间要短于非自主（被动）运动与其效果之间的时间（参见 Engbert et al. 2007；Haggard et al. 2002；Wenke and Haggard 2009）。此外，整合尺度的时间窗口必然是灵活的（0.5 秒至 3 秒），它取决于许多因素：背景、疲劳程度、身体状况、受试者年龄，等等。此外，整合同步在动力学上是不稳定的，将持续不断地产生新的组件，这样的转换决定了系统的轨迹。

这种 1 尺度整合过程对应于被体验的当前，可以用上述 RIP 结构来描述（Varela 1999；Thompson 2008）。对于系统来说，属于该窗口的任何东西都算作正在发生的“现在”，而且此“现在”整合（保留）了一些刚刚发生的基本的 1/10 尺度神经元事件的不确定序列。系统根据这种内在的时间性动态地解析其自身的活动。每个出现的当前（present）都从之前那个由其初始条件和边界条件所规定的当前中分叉了，通过这样一种方式，之前出现的东西（preceding emergence）仍然作为动态轨迹的痕迹存在于后续出现的东西中（或者说仍然对后者有影响）（这对应于或者在因果上构成了现象学层面上的**滞留**）。初始条件和边界条件是由具身的约束
112 条件以及行动、行为或认知行为的体验环境所规定的。它们在整体层次上

塑造行动，并包括所执行任务的背景设置，以及从行动由以发生的背景设置中产生的独立调节（即新的刺激或内源性动机变化）（Gallagher and Varela 2003，123；也参见 Varela 1999，283）。因此，这种神经元整合的结果在整体层次上自身显现为一种体验、行动或行为（Thompson 2008；Thompson and Varela 2001；Varela and Thompson 2003）。

意向性行动需要时间；它开始并结束，其间占据一定的时间。意向性行动所需的时间可长可短，取决于行动所涉及的复杂程度。就客观的可测量的时间而言，这并不是什么值得注意的发现。值得注意的是行动的时间结构，它既有助于意向性，又来自意向性。一个正在发生的行动本质上是朝向未来的，特别是朝向其未来的终结，这一特征不可还原为这样一个事实，即这一行动需要更多时间来完成。正如海德格尔（1962，236）所说，行动总是“先行于自身”。此外，作为一种在世界之中存在的方式，我的行动始终并且总已经处在一些特定的境况（circumstance）中了，这些境况是由之前已经发生的事情所塑造的，包括到目前为止我自己的行动。我**能**做什么（我的可能性是什么）是由这些境况所决定的。但只要我不是由于行动本身，而是由于其他什么原因而行动，那么我的行动就总是超越了这些境况。同时，在同一时刻，我的行动把已经由**过去的**行动所塑造的情境（situation）和它正在朝向的被筹划的**未来**，融合进了既可以限制它也可以实现它的**当前**境况中。这是客观时间所无法捕捉的时间结构。仅仅说，行动需要时间还不够；还应该说，**在**行动**中**有时间，在行动中有内在的时间性或时间结构。

这种内在的时间结构与行动的意义联系在一起，而行动的意义又与行动的目标联系在一起，并反映了其对行动主体的重要性。这也有助于我知觉他人之行动的意义。行动的意义不是仅仅由其所持续的时间，也即由时钟所计量的时间所规定的。例如，A 离门有 5 英尺远，B 离门有 15 英尺 113
远。这时突然传来了敲门声。A 慢悠悠地过去开门；B 则马上跑过去开门，结果与 A 同时到达门口；一方面，A 和 B 的行动是等效的行动：他们俩都去开门了；两个行动花的时间也完全相同。然而，我可以看到 B 的行动是急切的，而 A 则是慢悠悠的。从运动学的角度来看，他们的行动传达着不同的意义（参见 Berthoz 2000，137）。当然，意义是什么，取决于许多其他情况，有些情况我们可能了解，有些则可能不了解。但是，急切（hurriedness）及其意义并不仅仅在于在比正常情况更少的时间内走了更多的路。与 A 的行动相比，B 的行动意义是由如下情况所塑造的，例如，他的动机是如何由他已经知道的情况，或者由已经发生的情况，或者由他对谁在敲门的特定预期，或者由当下要么使他能够去开门或者妨碍他去开门的境况，或者由他想尽快去开门的意向所引发的。这些因素在行动的内在时间性中被排序，它们在行动中将其自身显现为有意义的东西。

如果我们将行动视为一个被延伸并且局限于客观时间的物理事件，那么我们自然就被引向了因果关系的问题，因果关系是在客观时间的框架内被定义的。原因总是先于其结果，结果总是在其原因之后。是什么原因使我实施了这个特定的行动？要回答这个问题，我们自然要看一看行动之前发生了什么。也许我有某个信念和愿望，它们“促使”我（或激发我）以自己的方式行动，或者至少给了我这样做的理由。（如果我的确基于这个理由采取了行动，那么这种情况通常被称为心理因果关系。）但是，也许我的身体（大脑）状态或社会环境使我按照自己的方式行动（因此，我们很容易获得一些物理决定论或社会决定论的版本）。这些是传统讨论的问题。但是，如果我们根据行动的内在时间性来重构这个问题的话，那么并不是过去的某个东西引起或决定了我的行动，而是对未来的某种被预期的可能性、一些目标，把我从过去和现在的境况中拉出来，使我超越或者改变了所有这样的规定性。康德关于自由与决定论的二律背反可以通过两个
114 不同时间框架的区别来缩小。在客观时间内对物理原因的科学分析得出了这样的结论：我们的行动始终是由先前的事件所决定的。正如在行动的内在时间性中所概述的那样，对这些可能性的实践分析为自由的可能性打开了大门。[2]

6.4 再论时间：原印象与生成结构

知觉是生成的这一观点意味着，知觉（更一般地来说是体验）的特征在于，行动主体的身体与其周围环境之间发生了一种结构性耦合（structural coupling），这种耦合方式产生了以行动为导向的意义。当我知觉到某物时，我把它知觉为某个可采取行动的东西。也就是说，我把它知觉为某个我**能**触及或不能触及的东西，某个我**能**捡起来或不能捡起来的东西，某个我**能**用锤子敲打或不能敲打的东西，等等；这样的可供性对于行动来说（即使我不打算采取行动）决定了我实际上知觉世界的方式（Gibson

1977；1979）。尽管人们通常认为这种观点是受了梅洛-庞蒂（Merleau-Ponty 1962）的启发，但梅洛-庞蒂本人却把我们引向了胡塞尔在《观念II》中对“我能”的分析（Husserl 1989），引向了他对动觉激活与知觉之间关系的分析（1997，进一步的讨论，详见 Zahavi 1994；Gallagher and Zahavi 2012）。

如下这种观点似乎是正确的，即，刻画意识和具身行动的时间结构应当以某种有意义的方式反映这种生成的特征，或者使这种生成的特征成为可能。但问题在于：如果知觉与行动是生成的，那么至少它们的时间结构难道不应该考虑到这种生成的特征吗？如果我们查阅一下胡塞尔（2001b）写于 1917—1918 年左右的《贝尔瑙手稿》（*Bernau Manuscripts*）中对时间意识的说明所做的修正，我们就可以对这个问题有一个更好的认识。胡塞尔的修正涉及原印象这一概念。在《贝尔瑙手稿》中，他把原印象看作滞留与前摄相互作用的结果，而非时间性过程的起源和出发点。下面的引文示例了他早期的观点与《贝尔瑙手稿》中提出的观点之间的区别。 *115*

> 原印象是绝对不变的东西，是所有进一步意识和存在的原本来源。从最严格的意义上来说，原印象具有“现在”一词所指的内容。（Husserl 1991，67）
>
> 现在（即原［印象］）是两个不同［意向性］（滞留和前摄）之间的边界。（Husserl 2001b，4）

在胡塞尔的早期讲座中，滞留和前摄被定义为与原印象相对的两个要素，而在其后期著作中，胡塞尔认为，必须把原印象看作构成意识的每个瞬时阶段的滞留和前摄过程之间的一条交叉线。原印象本身不是自足的，相反，它的呈现只在滞留与前摄的关联中发生。但除此之外，胡塞尔似乎认为，滞留与前摄之间错综复杂的交织构成了原印象。原印象不仅不是自足的，而且是一个构成的（constitutive）产物，它也并非某个有助于其自身构造的东西。这种更为激进的主张在胡塞尔的思想中得到了表达，他认为空乏的预期是出发点而非原印象。

> 首先有一种空乏的预期，然后有原初知觉的点，原初知觉本身是一种意向性体验。但是，只有与之前的空乏意向相关的内容

> 得到充实时，原印象才在意识的河流中出现，从而将其自身转变为原呈现的知觉。(Husserl 2001b，4)

因此，原印象被看作一个空乏的前摄的充实；现在是通过前摄的充实
116 而被构造的（Husserl 2001b，4，14）。有时，胡塞尔在描述内时间意识时，完全不提原印象。

> 每个进行构造的完整阶段都是对一个已被充实的前摄的滞留，这个前摄是一个未被充实的前摄和对其部分来说连续被中介的前摄的视域边界。(Husserl 2001b，8)

如果我们仍然停留在静态现象学中，那么原印象的观念在时间意识的结构中起着重要作用。但是，如果我们采取了发生的/动力学的观点，那么孤立的原印象的观念似乎只是一种抽象，而非自在存在的某个东西。从体验上来说，如果没有任何像孤立的原印象这样的东西的话，那么人们仍然有可能认为，在滞留和前摄之间必定存在某种界限或区分，或者说，必定存在某些虽然并不刻画我们的体验，但却需要被区分的方面。

在上一节，我们已经看到这种时间模型是如何运用于行动的。这为我们如何思考原印象提供了指引。在观察行动时，我们可以说身体在任何时刻都处于某种特定的姿势中——例如，由快照抓拍的姿势；但是这个姿势是对运动的一个完全的抽象，因为在每种情况下，身体并非时时刻刻都在摆姿势，而是在不断地运动，在运动的河流中，某一时刻的抽象姿势仅具有作为运动过程之一部分的意义。人们可以认为，**客观地说**，在任何时刻，身体实际上都具有某个特定的姿势。但是，如果那个姿势的时刻（postural moment）是任意的，那么它是一个被预期的轨迹的产物，而行动正朝着这个被预期的轨迹前进。此外，仅当抽象的姿势时刻已经完成时，我们才能定义这个抽象的姿势时刻——但这意味着，只有在滞留中，我们才能定义它，并将其定义为以预期为主要特征的运动的终点。

我们的建议是，应该以同样的方式将意识看作一条河流，在其中，意识以这样一种方式被意向性地指向对象，例如，当我听到一段旋律的当下正被奏响的音符时，我已经超越了这个音符，而这种前摄的/预期的超越
117 已经遗落在了滞留之中。我们视为体验之基本材料的东西是一个过程，通

过这个过程，原印象已经遗落到了滞留的河流中，甚至当它在前摄中被指向前方时亦如此。听到一段旋律（即使在某些情况下只是一个音符）与听到一个当前发出声响的音符（或音符的一部分）无关，**然后**（and then）超越了它；毋宁说，“然后”已经生效，已经隐含在体验中了。

因此，孤立地谈论滞留、原印象、前摄这三个成分中的任何一个都会陷入一种抽象。我们对当前的体验始终是动态的。意识前反思地就具有这种结构。不存在被当作刀刃（knife-edge）的当前的印象；相反，正如胡塞尔所指出的那样，原印象已经是对被保留下来的充实的（或未充实的）前摄，而就在这样做时，它也已经在报告当前的前摄过程了。用威廉·詹姆斯（1890）的话说，这种结构构成了一个**似是而非的**（specious）当前，而我们对这一当前的体验就是人们所谓的**第二性的**（secondary）印象，即不是对一个刀刃似的当前的原印象，而是对一个似是而非的当前的第二性的（被构造的）印象。我在这个直接的现在（immediate now）中所体验到的东西是一个复杂的存在（presence）。

建议是，我们应该抛弃这样一种观念，即原印象是对一个没有被滞留和前摄所触发的刺激的某个现在点的直接的、直向的和简单的把握。例如，我所知觉到的东西已经被我刚刚过去的和正在过去的对以前直接来到我这儿的东西的觉知所改变了。从这个意义上说，原印象已经被意识的滞留功能所改变了。所有的原印象都已经被滞留所限定了。并不是说在一个现在的意识阶段中，我有对一个过去的阶段的滞留**和**对一个当前刺激的原印象。它不是一种附加的功能。下面这种说法并没有很好地描述对一段旋律的完整体验，即我首先体验到了（在原印象中）音符 A，然后（在一个新的原印象中）我又体验到了音符 B，与此同时，我保留了音符 A。或者更确切地说，完整的体验并不是通过如下方式被给予的：

……iA 之后紧接着是……iB＋r[iA]……

(其中，i＝原印象，r＝滞留）相反，iB 已经受到了先前体验的限制（改变）。例如，在巴赫的《B 小调协奏曲》（*Concerto in B minor*）中，在某 118
个时间点上所发出的 B 小调听起来与维瓦尔第（Vivaldi）的《B 小调协奏曲》中在某个时间点上发出的 B 小调有所不同。因此，对 B 的原印象绝对不是简单的 iB；正是 iB 实现了 r[iA]，即通过一系列相关的滞留体验实现的。这意味着如果 iB 之前没有 iA，而是 i[～A]，那么 iB 将会是一个不同的体验，这就好比，如果 r[iA] 实际上是 r[i {A}] 的话，那么它将必定是另一种情况一样。

前摄（p）也会产生一种影响。首先，对 A 的原印象（iA）出现时，就是在形成对我的前摄的视域是什么的一种规定——例如对 B—C—D 等的前摄。也就是说，我所预期的任何东西都必定会被我当前正在体验的东西所改变。此外，对 B 的原印象（iB）在发生时已经被之前的前摄（当前被保留了下来）所限定了，而不论这是对 B 的前摄（现在被充实），还是对其他东西的前摄（现在尚未被充实）。因此，一般而言，原印象会约束当前的前摄，并受之前的前摄的约束。这意味着发生的原印象在某种程度上或者是对之前的前摄的充实，或者是充实的缺乏，而且原印象为我正在预期的东西提供了部分的具体化（specification）。原印象包括前摄的具体化。如果我不是在之前的体验阶段有对 B—C—D 的预期，而是预期了休止符（silence）或另外一个音符，那么我当前对 B 的原印象就有可能不同。在一种情况下，对 B 的原印象确认了之前对 B 的预期；而在另一种情况下，对 B 的原印象则否定了对～B 的预期，这两种情况是不同的。

有人可能会反对说，我们已经混淆了体验内容与体验形式的时间属性。对时间意识的分析，与一个被体验到的音符如何紧跟着另一个音符有关，而与我们如何聆听巴赫和维瓦尔第音乐的差异无关。但是，这种反对意见忽略了一个事实，即我所体验到的**东西**会对我的体验的时间性产生影响。例如，如果我对巴赫的音乐感到了厌倦，却发现维瓦尔第的音乐活泼动听，那么与我聆听维瓦尔第的《B 小调协奏曲》相比，巴赫的《B 小调
119 协奏曲》似乎有点拖泥带水——时间好像慢了下来。如果我饥肠辘辘，或者怒气冲冲，或者痛不欲生，那么体验的滞留和前摄方面将不同于我饱足、快乐、没有病痛时的聆听体验。就此而言，内容会影响形式结构的具体化。正如梅洛-庞蒂所指出的那样，"'内容'会对时间产生'影响'，它流逝得'太快'或'太慢'，时间质料会对时间形式产生影响"（1968，184）。这一点在时域掩蔽（temporal masking）的研究中得到了证明，例如，按顺序呈现的音调排列会影响对这一顺序的知觉（参见 Bregman and Rudnicky 1975）。如果在声音序列 ABCDBA 中，音调 A 和 B 具有特定的低频，那么 C 和 D 的顺序将会被遮蔽。也就是说，你将无法区分 C 和 D 的顺序。你还可以改变音调 A 和 B，以使 C 出现在 D 之前，或者 D 出现在 C 之前。并不仅仅是对 A 和 B 的有意识的滞留决定了 C 和 D 的现象顺

序，因为B和A之后的声音也需要产生这种效应。也就是说，按照客观顺序紧随在C和D之后出现的声音也将决定C和D在意识层面上的演奏方式。[3]

当然，人们仍然可以说，有一些保持不变的形式的时间化的层次——无论内容是什么，也无论现象学的速度或体验的顺序是什么，或对象本身隐含的时间性是什么，我都是以一个刺激先于另一个刺激的方式来体验刺激的顺序的。但这些刺激碰巧是什么，依什么顺序出现，它在意识流中闪过的速度有多快——这些东西造成了体验中的所有差别。

如果我们说原印象是活生生当前之结构的一部分，那么这是没有问题的，但这并不充分。我们还必须说，原印象本身就是因其动态地介入了与滞留和前摄的关系而形成的（当然，反之亦然）。我对当前时刻的原印象受滞留链条的影响——这不仅仅是滞留之链的抽象起点，就好像滞留是完全关于过去的，对当前毫无影响。而且，我对当前时刻的原印象不仅已经受到前摄的影响——不仅是当前的前摄（尽管可能主要是当前的前摄），而且受到以前保留的前摄的影响。

从这个意义上说，时间意识具有分形的（fractal）特征（参见 Gallag- 120
her and Zahavi，即将出版）①。在将原印象与滞留和前摄从 RIP（滞留—原印象—前摄）三重结构中区分开来后，对原印象（或滞留或前摄）的任何更详细的研究都发现，相同的结构重复出现——再强调一下，不是以一种附加的方式，而是在一种分形的效果中。这不是重叠，而是一种倍增效应（an effect that multiplies itself），以至于任何定义原印象的尝试，就其本身而言，总会发现已经包含了滞留或前摄的结果。但是，每个元素也再次反映了这种结构——原印象本身就是一个抽象，但是**在**这个结构**中**思考它就是**用**（或者**拥有**）这个结构——原印象在其意向性功能中反映了滞留和前摄的成分，反之亦然。

这就相当于说，如果原印象不是已经具有预期的性质（基于刚刚发生的事情），那么原印象就不存在——没有对当前刺激的当下直观，所以我对当前的原印象已经被包含在了对刺激将如何发挥作用的生成的预期中。

① 这是加拉格尔与扎哈维合写的一篇文章《原印象与生成知觉》，在本书出版时，该文尚未正式发表，详见 Gallagher，S. and Zahavi，D. 2014. “Primal Impression and Enactive Perception”，in Dan Lloyd and Valtteri Arstila (eds.)，*Subjective Time：The Philosophy，Psychology，and Neuroscience of Temporality* (83-99)，Cambridge，MA：MIT Press。——译者注

就刺激而言，从一个特定的预期方面（已经由刚刚过去的事情所塑造）已经使当前的即时性（immediacy）变得复杂这个意义上来说，前摄、原印象和滞留都处于一个**生成的**结构中。意识并不仅仅是对当前的被动接收；它生成（enact）了当前，它在刚刚被体验的东西的阴影中、在它预期的光明中构成了它的意义。

那么，原印象是什么？它与滞留和前摄是什么关系？这些问题并非独立于意识和行动的意向性本质，或者独立于我们所体验的特定内容。这意味着意识的时间结构——用非常实用的术语来说——应当被看作在-世界-之中。这种解释与胡塞尔的作为“我能”、作为**生成**现象的具身体验的概念非常吻合。例如，我听到旋律并不是对声音的被动接收。我对任何一个音符的听（到）都是指向下一个音符的听（到）——也就是说，我只听到了一个音符，它是对下一个音符的预期，或者是下一段沉默——作为正在引向某处的某物——，而我永远不会就其自身而听到它。原印象、滞留和
121 前摄并非简单相加在一起的元素。毋宁说，它们处于一种发生的关系中；它们对彼此都有一种构造自身的影响。

此外，它们共同构成了与被体验的世界（对象、旋律等）进行一种更广泛的生成互动的可能性。就像在一种情况下，我知觉到锤子提供了把握它的可能性，而在另一种情况下，我知觉到它提供了撑开我的窗户的可能性一样，我也同样知觉到，旋律提供了跳舞或者安静地坐着享受的可能性。然而，重点不是锤子和旋律，而是与可供性（affordances）和生成介入的时间性有关。如果事物是在一个像刀刃一样的当前中被动地呈现给我的话，那么对我的生成介入来说，任何东西都不具有可供性；也就是说，如果只有一个接一个的原印象，而没有前摄的预期的话，那么就没有任何东西被提供，因为，如果世界没有被体验为一系列的可能性——依照定义，这种可能性也包含尚未（not-yet）——的话，那么我就不能生成性地与世界打交道。因此，生成的特征一直向下，进入了时间意识的结构，而如果没有把这三个成分整合在一起，那么其中的任何一个都不会获得这种生成的特征。

6.5 延伸阅读

《胡塞尔》（1991）一书由胡塞尔自 1905 年起的一系列讲座及后来关

于时间意识概念的著作所组成。布拉夫（Brough 1972）和康图姆（Kortooms 2002）详细回顾了胡塞尔关于时间意识的思想发展史。加拉格尔（1998）考察了胡塞尔对时间意识的分析，并表明胡塞尔的分析如何避免了与詹姆斯的似是而非的当前概念有关的那些困惑。罗德梅耶（Rodemeyer 2006）重点关注的是胡塞尔的晚期手稿和时间性与主体间性之间的关系。米勒（Miller 1984）和丹顿（Dainton 2000）把胡塞尔的分析与分析的心灵哲学中对知觉和时间性的讨论联系在了一起。

【注释】

[1] 在詹姆斯和胡塞尔之间有一些有趣的、复杂的历史与哲学联系，这些联系在一些学术文献中已经得到了很好的概述。对布伦塔诺、施图姆夫、斯特恩和詹姆斯之间关系的更完整说明，以及对赫巴特（Herbart）、洛采（Lotze）、冯特和福尔克曼（Volkmann）这一德国传统中的时间概念的哲学-心理学反思，参见 Gallagher（1998）。

[2] 叙事尺度时间性的作用在这方面很重要。进一步的讨论，见第 8 章。

[3] 另一个例子是，在形成一个完整的短语或句子之前，短语或句子中的语词的意义是被延迟的，因此，语词本身，当它被读或听时，引发了对其意义之充实的某种预期。这样的东西常常延缓了我们的阅读，并使我们返回文本去搞清楚它的意义。关于内容影响被体验的时间顺序的其他例子，参见 Gallagher（1998）。

7. 自身与第一人称视角

7.1 充满分歧的传统

122 在关于自身（self）① 概念的现象学文献中，唯一一致的主题就是不断的分歧。胡塞尔对自身概念的讨论始于对自我（ego）概念的一个特定

① 在本书中，译者一般将“self”译为“自身”，将“ego”或“I”译为“自我”。之所以如此翻译，理由与蔡文菁教授完全一致，她在扎哈维的《主体性和自身性》一书的中译本中对此给出了一个详尽而合理的解释，译者表示认同。蔡文菁教授指出，在扎哈维那里，self 并不完全等同于 ego，二者有本质而隐秘的差别，“自身比自我更原初和根本，更确切地说，自身是对自我之丰富含义中最基本含义的指称”。她援引扎哈维在《自身觉知和他异性》一书中的一段文字对此进行了说明。扎哈维说：“至此我已经区分了三种关于自我（ego）的含义（部分地重合），以及三种赞成意识之自我论理论的论断。意识是自我论的，这是由于：（1）它的第一人称呈现模式；（2）它总是具有一个主动和被动（action and affection）的结构极；（3）当下化（presentiating）行为也显现出更为具体的对自我作为一个超越的同一原则的指涉……对于第一个层次而言，我认为，若忽略第一人称呈现模式从而只把呈现行为（无论这些行为是否是注意性的）描述为匿名的和无自我的（egoless），那么这一做法便是完全错误的。然而，为了识别出第一个层次——它并没有指涉任何作为一个注意的施动者、作为持久的超越行为之原则的自我——和后两个层次之间的真正差异，人们可以利用自身（self）和自我（ego）的区别。人们可以为后两个层次保留‘自我’这一术语，而又继续谈论体验之被给予性的基本自身性。”（丹·扎哈维：《主体性和自身性：对第一人称视角的探究》，蔡文菁译，上海：上海译文出版社，2008，导论，第 2 页）在自身与自我的区分问题上，加拉格尔与扎哈维立场相同，译者也认可扎哈维的分析，并贯彻在本书翻译中。——译者注

传统的批判，然而后来他也走向了自己的对立面。海德格尔通过解构自身（self）、灵魂（soul）、自我（ego）和位格（person）等概念，挑战了包括胡塞尔在内的整个传统——尽管后来他也重新思考了自己的分析。萨特和古尔维奇反对胡塞尔式的分析，提出了一种更接近休谟和佛教教义的解释，而舍勒则发展了一种类似于后期胡塞尔的先验解释。梅洛-庞蒂转而拒绝了这种先验解释，同时为具身的自身（embodied self）辩护。现象学中更多关于自身的当代争论发展出了更复杂、更多元的自身概念。不过，我们将看到，在所有这些分歧中，有一点是所有现象学家都同意的，尽管这与大多数心灵哲学家的观点不同。

胡塞尔最初的分歧意见表露于《逻辑研究》。起初，胡塞尔对自我（ego）的看法与休谟非常相似，也就是说，他在意识流中无法找到这样的东西。在这一点上，胡塞尔反对笛卡尔式的传统和康德式的传统，前一种传统赞成把实体性的自我（substantial ego）视作主体性的根据，后一种传统则设置了一个先验自我。因此，他表达了对新康德主义者保罗·那托普（Paul Natorp）的异见，指出他只是无法找到一个纯粹自我作为体验的“原始的、必然的关系中心”（2001，549）。然而，十几年之后，在《逻辑 *123*
研究》1913 年的修订本中，胡塞尔在一个脚注中指出并且承认，“我已经设法找到了它，即已经学会了不要通过自我-形而上学的腐朽形式而误入歧途，从而失去对被给予之物的纯粹把握”（同上）。也就是说，他学会不被笛卡尔这类将自我视为实体（*a res cogitans*）的人引入歧途。与康德一样，胡塞尔区分了先验自我和经验自我：经验自我，作为显现为世界之一部分的自身，在现象学还原中被置入了括号中，但先验自我仍旧是意识统一性的形式的、纯粹的原则。在《观念 I》（*Ideas I*）中，胡塞尔将先验自我描述为一个“主体极”（subject pole），伴随所有体验的“一束目光”（ray of regard）。自我是纯粹的、形式的、“无内容”的统一性原则。胡塞尔关于自我的思考很快变得更加复杂，因为他认为自我（ego）是视角的零点（perspectival zero-point），如此一来，就可以将自我与体验的具身方面联系起来。德尔默·莫兰对胡塞尔思想的这一方面做了总结。

> 自我（ego）是一个“零点”（*Nullpunkt*），一个指称和定向的中心，距离、时间等等从此中心向外辐射。某物在那里、在左

> 边、在上面、在远处、在近处，所有东西都以我自己为空间的中心而被标画出来（*Ideas II*，§41）。正因此，自我（ego）需要一个身体的定向和空间的处所。先验自我（transcendental ego）在一个活生生的身体中被具身化了。(Moran 2000，172)

莫兰接着指出，胡塞尔开始把自我看成不那么形式的，也不那么纯粹的东西，它可以被动地受到自身体验的触发，并能够保持态度、习性和（他的“我能”概念所概括的那种实践）能力。自我不再是无世界的，它也会被体验或它所构造的意义所影响。这使我们回到对时间性的思考上。胡塞尔对意识的时间结构的解释，特别是对滞留的纵向意向性的解释，有助于解释自我是如何被建构（自我构造）为一个有意识的体验中心的（见第6章）。正如莫兰（2000，173）所指出的，与舍勒的先验位格（tran-
124 scendental person）的观点一致，胡塞尔继续讨论了作为“位格”（person）的自我（ego）以及位格的“主体间的共同体化”（intersubjective communal groupings）。

与此相反，海德格尔没有更深入地分析自我的结构（ego-structure），而是完全否定了自我的概念，以及对“我”、“自身”、“灵魂”、“主体”和“位格”的所有传统描述。所有这些概念在形而上学上都是可疑的，因为虽然人的存在（此在）具体来说并不是现成在手之物（something present-at-hand），但所有这些概念都暗示了现成在手之物。换言之，即使是像胡塞尔这样悬置了所有形而上学的自身概念并对经验自我不感兴趣的人，与自我有关的某种形而上学思维方式仍旧是他思想的主要特点，而且也是关于自我的一切传统思维方式的特点。这种思维方式把自身看作一个可辨识的、统一的实存者，而且我们可以使用那些用来刻画周围世界中的对象和事物（在手之物）的范畴来刻画它。当然，我们可以说，自身不是这样一个东西，或者说自身是先验的，但是我们刻画它的方式源于我们谈论这些在手之物的方式。

当问题是“此在是什么?”时，我们自然就被引向了对自身、主体、灵魂、心灵、自我和“我”等这些东西的标准哲学答案。然而，海德格尔的问题却是“此在是**谁**?”——他得出了如下答案：“可能日常此在的‘谁’恰恰**不是**‘我自己’”(150/115)。他更正面的答案是，此在是**常人**（*Das Man*）——常人不是指“这个人”（the man）。它的意思是“他们”

(the they)，在此“他们”既指每个人（everyone），又不指任何人（no one）。在海德格尔看来，此在的生存方式是这样的：此在太容易沉沦于常人的匿名状态之中，以至于在某种程度上，此在只知道盲从。也就是说，此在被世界、它的筹划和主导的社会实践所占据，以至于迷失在社会的非本真性中，在这种非本真性中，此在将它自己理解为与他人一样的存在者。青少年此在回到家，向它的此在父母抱怨——“我想做X。比利（Billy）此在正在做X，为什么我不能做X?”此在不想特立独行，此在倾向于泯然于众人——它做别人做的事，读别人读的书，看同样的电视节目，看同样的电影，听同样的音乐，玩同样的电子游戏，穿同样的牛仔裤，等等。此在往往迷失在世界中，被每一项任务、每一份责任、人人都想并且期待此在去做的每一件事情所占据。此在应该获得学位；此在应该选择一个职业；此在应该赚尽可能多的钱；此在应该购买这个和那个，消费这个和那个；特别是此在女士，她应该结婚。另外，确保你的着装得体，买一些好衣服，如果你恰好是一位女性此在（尽管对于海德格尔，此在是相对中性的），那你就应该花大量的时间和金钱在化妆品上并设法使自己看起来性感，设法让自己看起来与众不同。如果你正在变老，那么花大量的时间和金钱在化妆品上，设法让自己看起来并非垂死之人。当然，此在不应该担心死亡。**他们**对死亡保持沉默——这不是人们想谈论的话题。毕竟，你还活着，你应该去购物。换句话说，我们需要把在世界之中缺席的此在看作**非自身**（*not itself*），看作非本真。就此而言，海德格尔将社会关系描述为非本真性的场域，相反，本真性的可能性似乎与一种朝向不包含任何主体间性的可能性的存在联系在一起，即，向死而在（being-towards-death）。 125

在生存论上，此在被抛入世俗的和社会的情境中，被抛入时间与场所，被抛入历史之中。同时，此在的生存被称为向来属于他自己——**“向来我属”**（*in each case mine*）（1962，67）——以他的存在对他来说是一个问题这种方式（向来我属）。在这一点上，海德格尔赋予了此在对其生活的某些控制。

> 此在总是根据其生存来理解他自己——根据他自身的可能性：成为或不成为他自身。此在或者已经自己选择了这些可能性，或者已经使自己进入了这些可能性，或者已经在这些可能性中成长。（1962，33）

然而，海德格尔后来与自己产生了分歧，认为他对此在的分析仍旧太过笛卡尔哲学，他对此在的分析类似于他所批判过的关于自身的成问题的形而上学观点。在海德格尔的后期哲学中，此在似乎不是一个行动主体，而是一些更大的力量——更确切地说，更大的存在力量——的玩物（plaything）。

126 此在的生存对它是一个问题这一观念，连同此在具有某种深层的行动能力使它成其为所是的观念，是早期萨特从早期海德格尔那里继承的东西。萨特还对胡塞尔的先验自我概念提出了批评。在著名的著作《自我的超越性》（*The Transcendence of the Ego*，1957）中，萨特概述了一种非自我论的意识概念。他表明胡塞尔错误地认为对意识来说存在某种自我结构（ego-structure），或意识中存在某种自我（ego）。依照萨特，无论存在什么样的自身，它都外在于意识。因此，对萨特而言，自身是一个经验的自身，一个被客体化的东西，一个现成在手之物。然而，将我们自己看成如此这般的东西，是我们对自己采取的某种非本真（“自欺”）态度的产物。在其中，我们否认我们的真实本质，即没有本质，不成为某个东西或者被构造的自身。对于萨特而言，人类的主体性是无-物性/虚无（nothingness），是自由，是诸可能性的集合，而不是一个现成的东西。当我们开始将自己看成某人——律师、医生、丈夫、妻子、学生、冲浪者——时，我们就关闭了诸可能性，否认了我们的自由，并因此非本真地将我们自己当作某种确定的事物。然而，遵循自我反对的现象学传统，后期萨特（1960）修正了早期对自由主体性的着重强调，并承认更大的文化和历史力量对塑造我们非本真的生存具有重要影响。

萨特的自我修正可能部分是受到梅洛-庞蒂的影响，后者认为萨特对主体性的刻画过于极端，因为这种观点暗示本真的生活在某种程度上包含一个漂浮无据的、非处境的和非历史的主体。我们的生存是身体的生存这一事实必然反映在我们的现象学中。因此，梅洛-庞蒂提出了缄默的**我思**（a tacit *cogito*）概念。梅洛-庞蒂将身体理解为一个“自然的自身”“知觉的主体”（1962，239）。然而，身体在很大程度上是以缄默的甚至匿名的方式发挥作用的，其本身是“在我之下的另一个主体，对它而言，世界在我在此之前就存在，它标记出我在世界中的位置。这个被囚禁的或自然的精神就是我的身体”（1962，294）。进而，我们是谁从来都不是完全透明的，这可能也是萨特所希望的。更准确地说，我们的生存有一种“厚度和

不透明性”（1962，56n）。一个人的身体，连同其无意识的过程和不断涌 127
现的情感，使这个人定位于世界中。然而，对于我思（cogito）而言存在一个确定的真理：“原初的真理确实是‘我思’（I think），但前提是我们因此明白，‘我既属于我自己’，也属于世界”（1962，466）。基于此观点，我思（cogito）不是一种反思的内省行为的产物，而是与我们对世界的体验相伴随的缄默的觉知（tacit awareness）的产物。然而，本着现象学的自我反对的精神，梅洛-庞蒂后来认为，“我所谓的缄默的我思是不可能的。要获得‘思’的观念……返回内在性和关于________的意识，必然需要语词”（1968，224）。我们可能会说，有一种解释学上的复杂性，因为具身体验的前述谓存在绝不会进入意识，除非它已经以某种述谓的方式被语词表达了出来。缄默的我思或者是某种我们没有体验过的东西（在这种情况下，假设它的存在不会是现象学的），或者仅仅被体验为在一个由语言所塑造的觉知中被表达的东西，在这种情况下，它已经包含了一种形而上学的扭曲。

7.2 自身的前反思的和最低限度的方面

尽管在现象学家之间或者在其自身内部存在着各种各样的分歧，但他们都一致同意，存在着前反思的或非反思的自身觉知（self-awareness）。我们对一个人体验的考察是二阶的、反思的、内省的，与此相比，前反思的自身觉知是与一阶体验一起进行的。如果你要让我反思在右脚感受到的疼痛，或者报告我刚才在想什么，那么我将会采取一种反思的行动，并从一个特定角度来看待我的疼痛或想法，这是一个反思的层次，它不同于疼痛或思想的层次。相比之下，前反思的自身觉知是我在对自己的体验进行任何反思之前就已经存在的觉知；它是一个隐默的、一阶的觉知，而不是清晰的、更高阶形式的自身意识（self-consciousness）。现象学家们认为，一种清晰的、反思的自身意识之所以是可能的，仅仅因为在体验中存在一
种持续的、前反思的自身觉知。例如，萨特坚持认为，前反思的（非论题 128
性的）（non-thetic）自身意识不仅仅是一种附加到体验上的性质、一种附属物；相反，它恰恰构成了体验的存在方式（Sartre 1956，liv）。

并非所有哲学家都接受前反思的自身觉知这个概念。例如，相当多的分析的心灵哲学家就质疑这一概念。然而，在分析的心灵哲学传统中，有

些哲学家的观点与这一现象学概念很相近，也很一致。例如，阿尔文·戈德曼（Alvin Goldman）是这样描述这一概念的：

> ［设想］思考 x 或者注意 x 的情况。在思考 x 的过程中，已经有一个隐默的觉知，即一个人正在思考 x。这里无需进行反思，无需为了考察它而从对 x 的思考后退一步……当我们思考 x 时，心灵关注的是 x，而不是我们对 x 的思考。然而，思考 x 的过程带有一种非反思的自身觉知。（Goldman 1970，96）

欧文·弗拉纳根（Owen Flanagan）也为类似的观点辩护。他认为，意识包含自身意识在弱的意义上类似于主体具有体验，而这个自身觉知与我的体验被体验为我的体验这一事实相关（1992，194）。

把这种前反思的觉知称为自身意识的一种形式，并不是将它等同于反思的自身意识，而是要指出自身意识有多种形式（至少两种），以及我们能够用多个（至少两个）概念刻画自身。在此基础上，我们才能将自身的前反思的、最低限度的方面与反思的、高阶的自身（有时被称为叙事自身）区分开来。就此而言，反思的自身意识以概念性知识和叙事能力为前提。它需要（发育）成熟、社会化以及获取和报告使人成其为人（make one the person one is）的状态、特征和秉性的能力。自身的前反思的、最低限度的方面可能是非概念的，因为在某种程度上，它“在逻辑上和本体论上比通常作为哲学争论之焦点的自身意识的高阶形式更原始”（Bermúdez 1998，274）。

129 正如弗拉纳根所指出的，前反思的自身觉知概念与这样一种观念有关，即体验对它们（前反思的自身觉知）有一种主观的“感觉”，也就是拥有这些觉知“像是什么样的”或者“感觉”像是什么样的一种特定的（现象）性质（Nagel 1974）。例如，我对左脚疼痛的体验不同于右手瘙痒的感觉。柠檬的味道尝起来与巧克力的味道不同。回忆柠檬的味道不同于奔跑、坐着、站着不动、感到嫉妒、紧张、饥饿、压抑或喜悦（参见第 5 章和质素体验概念）。然而，贯穿于这些现象对比（phenomenal contrasts）始终的是，当我经历这些差别时，有某种东西在体验上是相同的，即这些体验的分明的第一人称特征。所有这些体验都具有“属我”（mineness）的性质，是“我”拥有这些体验，是我有对这些体验的一种“拥有

感”（sense of ownership）（Gallagher 2000）。所有这些体验被（前反思地或缄默地）体验为**我的**体验，体验为**我**正在遭受或经历的体验。那么，前反思的自身觉知，作为自身意识的最低形式，在体验的**像是什么样的**性质中向我呈现了自身的一种直接的、非观察性的意义。如果在体验中并不隐含任何前反思的自身觉知，那么很可能就没有任何东西去经历它，而实际上也就不会有任何体验。

前反思的自身觉知是一种非观察性的自身亲知（self-acquaintance）。例如，海德格尔是这样描述它的：

> 作为生存着的此在［人类的生存］为其自身而在那里存在，即便自我（ego）并不以其特有的转向自身或折返自身的方式明确地将其自身指向其自身……自身（the self）为此在本身而在那里存在，无需反思，也无需内知觉，**它先于一切反思**。在折返的意义上，反思只是一种自身**领会**（self-apprehension）的样式，但并不是首要的自身揭示的样式。（1982，159）

尽管在某些观点上布伦塔诺和现象学家是一致的，但他曾为另一种自身觉知的概念辩护。根据布伦塔诺的观点，当我在听一段旋律时，我觉知到我正在听这段旋律。但是，在此我不具有两种不同的心理状态：我对这 130
段旋律的意识与我对知觉它的觉知是同一个东西，二者构成了一个单一的心理现象。但与现象学家不同，对于布伦塔诺来说，通过这种统一的心理状态，我有对两个对象的一个觉知：旋律和我的知觉体验。

> 在同一个心理现象中——在其中，声音呈现给我们的心灵——我们同时把握到了心理现象本身。此外，就它以声音作为它之内的内容，就它同时以它自己作为内容而言，我们按照其双重本质来把握它。我们可以说，声音是听见（hearing）这一行为的**第一性的对象**，而听见这一行为本身是**第二性的对象**。（Brentano 1995，127-128）

胡塞尔和萨特、海德格尔都不同意的正是这一点：我对我的体验的觉知，并不是把它当作一个对象的觉知。一种心理状态被体验到，“在这种意义上它是有意识的，但是，在一个知觉、表象或判断被指向其上的意义上，它并不且也不能意味着，这是一个意识行为的对象”（Husserl 2001，I，273）。相反，它是非对象化的，因为我并不处在一个旁观者或巡视员或内省者的立场或角度上，而后者是以课题的方式关注这一体验的。在前反思的自身觉知中，意向性体验被体验（erlebt）；它并不以对象化的方式显现。当然，如果我们在反思中把它视作一个对象，我们也能够将它对象化。

根据这种观点，在我们的体验之外，并没有与它们不同的独立的自身。觉知到一个**自身**不是觉知到一个独立于体验之流而存在的纯粹自身。当休谟（1739）宣称，他在探查自己的体验时无法找到任何类似自身的东西，而只找到了一连串或一束特殊的知觉或感受时，他忽略了一个事实，即他只是在他**自己的**体验中寻找（自身），并且从表面上把这些知觉或感受认作他自己的（知觉或感受），但实际上，只有在他似乎错失了的直接
131 的自身觉知之基础上才能这样做。最低限度的自身不是实体，也不是某种不可言喻的先验前提，更不是一种随着时间而产生的社会建构；相反，它是意识生活的一个不可或缺的组成部分，具有直接的体验特征。就此而言，现象学的观点解释了心理学的自身同一性（self-identity）——贯穿于时间中的自身同一的体验，而无需在意识流之上设置一个作为独立实存者的自身（见第 6 章关于时间意识的讨论）。在这些变化中保持不变和一致的是由前反思的自身觉知所构造的拥有感（ownership）。只有具有拥有感或者属我性（mineness）的一个存在者才能继续形成关于她自身的概念，把她自己的目标、理想和抱负看作她自己的，书写她自己的故事，筹划和实施她将为之负责的行动。

7.3 拥有感

自从威廉·詹姆斯（1890）对自身的不同意义进行分类以来，哲学家和心理学家们已经完善和扩展了这一概念的可能变项。詹姆斯关于物理自身（physical self）、心理自身（mental self）和精神自身（spiritual self）的目录已经得到了各种各样的补充。例如，乌尔里希·奈塞尔（Ulrich Neisser 1988）表明，在自身的生态学的、人际的、扩展的、私人的和概念的方面存在着重要区别。到 21 世纪初，人们可以在这一清单上添上：

自传式自身、认知自身、情境化自身、核心自身、对话式自身、叙事自身、具身自身、虚构自身、性别化自身、最低限度的自身和神经自身等(Damasio 1999；Strawson 1999)。所有这些术语都反映了自身概念的某些特定的方面，它们共同指向了这一概念的复杂性。不过，最低限度的自身概念和叙事的自身概念跨越了大多数自身概念的维度，已经被用作组织当前讨论的一般术语（Gallagher 2000；2011c)。如前一节所讨论的那样，最低限度的自身包含作为一个具身的体验主体之自身的前反思的自身觉知。这个自身包含一种属我感（或属我性)：这个体验是**我的**体验。前反 132
思的自身觉知也包含一种行动主体感：我在控制我的行动。

> **自身行动主体感**（*sense of self-agency*）(SA)：前反思的体验，即我就是引起或者产生一个动作或行动或思想过程的那个人。
>
> **自身拥有感**（*sense of self-ownership*）(SO)：前反思的体验，即我就是正在推动或经历一个体验的那个人。

这是一种在对非自主运动（involuntary movement）的体验中很容易理解的现象学区分。如果某人从背后推我，我体验到推我这一最初的运动是发生在我身上的，是我正在体验的，因此，对于这个运动，我有一种属我的体验。我不会认为是别人在运动，因为我有一种直接的、多模态的［动觉的（kinaesthetic)/本体感受的（proprioceptive)、前庭觉的（vestibular)、视觉的］感觉，我就是那个运动的人。然而，与此同时，我可以说，我没有对这个运动的自身行动主体之体验（experience of self-agency)。这个运动不是我引起的，是别人推我造成的。因此，一方面，在非自主运动（以及反射运动）中，SA 和 SO 是分离的；另一方面，在自主行动中，SA 和 SO 在前反思体验中似乎紧密相合（tightly fitted)，难以区分。[1]

自身的最低限度方面被概念化为包含很短体验时间的阶段——也就是詹姆斯所谓的“似是而非的现在”(specious present)，它是时间的一种延展，可以用胡塞尔的滞留—前摄结构来刻画；或者，也可以说，它是我们所谓的以秒为时间尺度的整合（integration temporal scale of seconds)(第 6 章)——与自身的这些最低限度的方面相比，自身的叙事方面被延展到了更长的时间阶段。自身的叙事方面涉及一个或多或少连贯的自身

（自身-形象，自身-概念），它是用过去和将来这两种时间成分在我们所讲述的关于我们自己的故事中和他人所讲述的关于我们的故事中被构造的。叙事能力在主体间性的现象学解释中扮演着重要的角色（正如我们将在第9章看到的那样），在此，它表明了这样的观点：个体自身从来都不是在社会环境之外被构成的。自身的叙事方面还与行动和行动主体的概念紧密
133 相关，这一点将在下一章（第8章）中讨论。在本章，我们将继续关注自身的最低限度方面，尤其是与属我感相关的问题。

当我体验到当下的疼痛、知觉或者思想时，这种体验是直接地而非通过推理被给予的。我无需为了把它认作**我的**体验而去下判断或者诉诸某些标准。不存在漂浮无据（freely-floating）的体验。即使存在，漂浮无据的体验也是属于某个人的。正如詹姆斯（1890）所说，所有体验都是“人（格）的”（personal）体验。虽然在运动行动（motor action）和认知的情境下，包含属我感和主体感的自身的最低限度方面是相对稳定的，但在实验环境以及精神病理学的案例中，它们可能会被扰乱。它们的日常稳定性的一个标志就是以指称自身的方式使用第一人称代词。更确切地说，很难理解我们怎么能在这一方面出错。这种自我指称（self reference）有这样一个特点，一些哲学家将其称为“对第一人称代词的错误辨识免疫”（immunity to error through misidentification relative to the first-person pronoun，IEM）（Shoemaker 1984）。IEM 表明，当一个说话者使用第一人称代词（“我”）指称**作为主体**的自身时，她不可能弄错她指称的人。正如维特根斯坦（1958）最初解释的那样，IEM 适用于第一人称代词**作为主体**的任何用法。他举例说明第一人称代词**作为主体**和**作为客体**的用法区别。一方面，“作为主体”意味着我作为体验主体对自己的第一人称指称。例如，如果我体验到牙痛，那么说“有人牙痛，是我吗?”这句话就是没有意义的。另一方面，“作为客体”意味着我根据对象化的知觉或思想对自己做出的任何指称。例如，照镜子时看到一条晒伤的手臂，我可能会说“我被晒伤了”。也有可能我在镜子里看到别人的手臂而把它误认为我的手臂，从这个意义上说，我似乎错误地辨识了自己。然而，**作为主体**的第一人称特征蕴含了一种隐性的对体验的自我指称。如果我感到饥饿或者看到我的朋友，即使我误以为自己饿了（也许只是渴了），或者认错了我的朋友（也许是他的双胞胎兄弟），甚至不确定我是否真的看见了他（我可能产生了幻觉），我也不可能弄错谁是这些体验的主体。

IEM不只是一个语法原则，它似乎依赖于我通达我自身的体验方式。 134
例如，舒梅克指出，在内省中错误辨识是不可能的，因为主体不涉及辨识的过程。在这种情况下，我不会挑选一个对象，然后询问这个对象是否符合一系列标准，从而使该对象看作我。相反，我能够以非观察性的、内省的方式通达我的体验。因此，如果我不尝试辨识我自己，我就不可能犯错误辨识的错误。

正如我们在舒梅克那里看到的那样，对IEM的讨论通常是以内省的途径来构建的。我只能内省我自己的思想，而不可能自己问“某人在思考这个问题，但这个人会是我吗?”，这似乎是必然的。不过，内省是一种反思性操作，在其中我思考我自己的思想。就此而言，现象学家们表示，某种体验是否被体验为我的体验，不取决于体验之外的其他东西，而就取决于体验的前反思结构。

正如我们所见，现象学的观点认为，当我们有意识地思考、知觉或行动时，我们**前反思地**觉知到我们正在这样做，而这种前反思的觉知是内置于体验本身中的。根据这种观点，我不需要进一步的反思性内省来确认我的思想是我自己的——我不需要以这种方式通达它们。相反，使我的思想能够在反思性内省中被通达的，恰恰是一个已经在运作的前反思的自身觉知，这个前反思的自身觉知是任何意识过程的共同结构的一部分，并且提供了一种基本的（最低限度的）属我感。这表明，就我的思想和意识流而言，属我感非常稳定。詹姆斯认为这是显而易见的，但却难以解释：“每个思想都是一个人的意识的一部分……普遍的事实不是‘感受和思想存在’，而是‘我思’和‘我感觉’，［然而］准确地说明［这一点］却是最困难的哲学任务。”（1890，Ⅰ，225）

属我感不仅适用于思想流，也适用于对我的身体或身体的部分以及我
的行动的体验。例如，当我伸手抓住某物时，我感觉到是我的手臂在伸 135
展、我的手在抓取，而且就我的自身运动和行动的体验而言，这不仅是我的手臂，也是**我的**行动。我对自己的姿势和运动的感觉分别由本体感受（proprioception）和动觉（kinaesthesia）给予。本体感受是我对自己肢体位置的“内在”感觉。例如，如果我要求你闭上眼，然后指出你的膝盖，你可以在没有视觉的情况下这样做，因为你对你的腿在哪儿以及它的姿势如何有一种本体感受。动觉是我对自己动作的本体感受。当我闭上双眼，如果有人移动我的手臂，我不仅能感觉到他对我手臂的触碰，还能从动觉

上感觉到我手臂的运动，并且在本体感受上，我可以准确地知道手臂最终的姿势。

加雷斯·埃文斯（Gareth Evans 1982）认为，通过身体的本体感受和动觉，IEM 扩展了我通达自己身体的途径。尽管通过诸如视觉之类的感觉-知觉特征错误辨识一个人的身体是可能的，但拥有一个并非自己的身体的本体感受是否可能似乎是成问题的（Evans 1982；也参见 Cassam 1995，2011）。本体感受是 IEM 仅仅意味着，通过本体感受我不可能错误辨识我自己的身体。同样，被动的触碰也可能是 IEM，因为这么问会很奇怪："有人正在被触碰，这个人是我吗?"这表明，在这种体验（不论是非自主运动，还是自主行动）中，前反思的属我感是不会出错的，也就是说，在**谁**正在移动，**谁**正在站立，或者**谁**正双腿交叉坐着等方面，我是不会出错的。然而，这并不意味着本体感受在其他方面不会出错。

本体感受/动觉提供有关姿势、肢体位置以及我正在如何移动的信息——这些信息可能会出错或者被误导。例如，通过使某些肌肉振动从而控制本体感受的实验，可以在事实并非如此时，令我相信我的手臂伸展在我面前（例如，Lackner 1988；Longo et al. 2009)。关于 IEM 的断言并不会延伸到姿势或者运动的细节中去。它仅仅涉及身体是**谁的**这个问题。
136 在本体感受上，我可能会被误导，例如，我的腿实际上并未交叉，但我以为它们是交叉的，然而 IEM 会说，在交叉着的腿是**我的**腿，或者**我**是那个交叉双腿的人这一点上，我是不可能被误导的。

不过埃文斯确实提出了一个思想实验：将主体 A 的神经系统与主体 B 的神经系统连接起来，主体 A 接收来自主体 B 的身体的本体感受输入。当主体 B 交叉双腿时，主体 A 报告说，他（主体 A）感觉到他（主体 A）的双腿交叉着。在这种情况下，他似乎因违反 IEM 而出错了，因为通过本体感受，他误把 B 的腿辨识为了自己的腿。就如何处理这个思想来说，我们或许可以通过考察一些实际的经验案例来获得一种更好的想法。许多涉及被动触摸和本体感受的实验都提出了有关 IEM 和属我感的问题。我们可以进一步提出在诸如精神分裂症和假肢妄想症等疾病中出现的错误辨识问题。

7.3.1 精神分裂症

约翰·坎贝尔（John Campbell 1999）提出，精神分裂症中涉及的控制妄想（delusion of control）和思想插入（thought insertion）体验或许可以被视为 IEM 的反例。例如，一个遭受思想插入的精神分裂症患者可能会声称，她不是那个正在思考一个特定思想的人，而事实上她就是那个正在思考这个思想的人。精神分裂症患者对她自己思维过程的描述说明了这一点："思想被置入我的心灵中，例如'杀死上帝'这个想法。它就像我的心灵在工作，但它不是我的心灵。它们来自克里斯这家伙。它们是他的思想。"（来自 Frith 1992，66）在这样的案例中，精神分裂症患者错误辨识了思想的来源，这似乎违反了 IEM。

坎贝尔认为克里斯·弗里斯（Chris Frith 1992）关于精神分裂症患者自身监控崩溃的神经认知模型可以很好地解释 IEM 以及它是如何崩溃的。这个模型试图找出当精神分裂症患者遭受控制妄想时，也就是当他声称是 137
别人而不是他引起了他的行动或身体动作时，在认知或神经层面上哪些机制失效了。为了解释控制妄想，弗里斯求助于运动控制中的传出副本（efference copy）和比较仪机制概念。在神经科学的语言中，**传出**（efference）是大脑向身体发出的非意识信号，例如，使一块肌肉动起来的命令。相反，**传入**（afference）是身体向大脑发出的信号。它包括感觉反馈，例如表明我的身体以某种方式移动的动觉信息。根据比较仪模型（comparator model），当运动系统发出一个运动指令，让身体的一个部分动起来的时候，该指令的一个副本（传出副本）被发送到大脑的一个区域，大脑的这个区域再将该指令与运动意向进行比较。这构成了一个非意识的前运动或者"前向模型"（forward model），它可以迅速且自动修正错误（Frith et al. 2000）。这种前向的比较仪进程预期来自运动的感觉反馈，并产生行动的主体感（SA），同时，在运动中产生的传入感觉反馈进程（包括本体感受）产生了属我感（SO）。如果前向模型失灵，或者没有正确生成传出拷贝，即便实际运动与被意向的运动相匹配，感觉反馈可能仍会产生 SO（"我正在运动"），但是 SA 将会妥协（"我并未引起运动"）。

这表明遭受控制妄想的精神分裂症患者在对运动的正向、前运动监控（the forward，pre-action monitoring of movement）方面存在问题，但在感觉反馈方面没有问题（Frith and Done 1988；Malenka et al. 1982）。虽然基于感觉反馈的控制被认为涉及小脑（Frith et al. 2000），但前向监控的问题与对精神分裂症的研究一致表明，反常的前运动脑电位与运动辅助皮层、运动前区皮层以及前额皮层有关（Singh et al. 1992）。脑成像实验研究表明，前脑岛（anterior insula）或者后脑岛（posterior insula）参与了 SA 的产生（Farrer and Frith 2002；Farrer et al. 2003）。根据这种解释，正是这些大脑区域的问题可能因此导致 SA 的缺失（SA 的缺失是这类精神分裂症控制妄想的特征）。对于为何一阶的（前反思的）体验会被
138 扰乱，这是一个自下而上的神经科学的解释（Hohwy 2004；Mundale and Gallagher 2009）。不过，这种妄想还包括另一个方面：精神分裂症患者通常将行为归属于别人。根据这个自下而上的解释，这可能是由于负责区分自身和他人行为的大脑进程受到了干扰（参见 Georgieff and Jeannerod 1998）。当这种干扰出现时，主体可能实际上把自己的行动体验为异己的——不是由他自己引起的，而是由别人引起的。因此，这种解释停留在前反思的自身觉知层面，与自上而下的解释形成对比。相对于自下而上的解释，自上而下的解释将会着眼于更高阶的扰乱，即反思的（内省的）认知以及它们在叙事中的表达（例如，Graham and Stephens 1994；Stephens and Graham 2000）。

因此，对于包含自身属我感、自身主体感以及 IEM 的直接性，自下而上的研究方法指向了一种可能的神经病学解释。然而，根据自下而上的解释，我们根本不清楚，是否如坎贝尔所言，在控制妄想中存在对 IEM 的违反。正如上文中提到的，在行动中，SA 和 SO 通常是难以区分的。然而，在控制妄想的例子中，当精神分裂症患者声称他自己不是一个特定行动的主体时，SA 并不存在，但 SO 仍旧存在。这与非自主行动的例子相似。确实，如果患者的抱怨有什么意义的话，那情况必然就是这样的，因为患者正在描述的是他自己的身体：“**我的**身体已经介入了一个行动。**我的**身体已经被移动了。”他声称，是他而非他人，正在被移动，或者正在被驱使着去行动，以及这个行动不是他所意向的。就他的身体以及他的运动而言，SO 仍旧是完整无缺的，尽管 SA 并非如此。这就是为什么他感到这个运动或者行动是**他的**关切而非别人的关切的原因。因为它没有发生在别人的身上，而是发生在他的身上。他的自身感（sense of self）是**作为主体**——他是那个正在体验这种异己控制的人。当他报告他的本体感受体验时，或者当他说“**我**”体验到了这种异己控制或异己思想（在思想插入的例子中）时，对于体验这些事情的人是谁，他没有出错，他的自身感仍旧是 IEM，他的 SO 是完好无损的。

即使我们接受了这种控制妄想的解决方案[2]，然而，仍旧有相当数量的其他病症和实验在身体体验方面挑战 IEM。我将讨论其中一些挑战，并 139
且尝试完善这个解释，准确找出是体验的哪一方面传达了 IEM。不过，首先让我们回到埃文斯的思想实验。

基于神经学的证据，詹妮罗德（Jeannerod）和帕彻丽（Pacherie）提出，在确定谁是行动的主体方面，我们借以了解的方式“不是完全可靠的，也不能作为免于辨识的第一人称知识的来源”（2004，137）。在此基础上，他们得出结论：

> 简而言之，对于哲学家来说，坏消息是自身辨识毕竟是一个问题。至少在行动和意向中，不论是对作为客体的自身（属我感），还是对作为主体的自身（主体感），并没有凭借错误辨识而免于错误的情况。在正常情况下，自身-归属和他人-归属的机制可能是合理可靠的，但并不是不可错的。（2004，141）

当然，这对于不是哲学家的人来说也是个坏消息。不过，尚不清楚的是，为什么詹妮罗德和帕彻丽会把属我感和**作为客体**的自身联系起来。这里要做一个区分：一个身体部位的 SO（我感觉这是我的手臂）和运动的 SO（我是在运动的那个人，甚至在非自主运动中也是）。将我的手臂体验为我的手臂的体验，可能是基于本体感受的/动觉的觉知——对手臂的位置或运动的一种前反思的感觉，也可能是基于在实际中看见我的手臂在它通常所在的地方，与我的身体相连。在第一种情况下，正如维特根斯坦对它的定义，我们对我们的**作为主体**的身体有一种感觉；在第二种情况下，我们对我们的**作为客体**的身体有一种感觉。在第二种情况下，我可能会出错，就像我从镜子里看到一条手臂，那不是我的手臂，但我误以为它是我的手臂。然而，在这种情况下，IEM 并不是问题。维特根斯坦和其他哲学家会说 IEM 只适用于第一种情况。然而，詹妮罗德和帕彻丽认为，即使本体感受传达（deliver）了对我的身体（我的自身）**作为主体**的一种觉知，并为这种觉知提供了一种属我感，这并不能确保 IEM。他们引用了埃文斯的思想实验，在这个实验中，A 接收 B 的本体感受的输入，这似乎表明，关于谁的肢体是谁的（whose limbs are whose），我可能会弄错。

对于 IEM 来说，这个思想实验是一个棘手的情况，因为它牵涉到本 140

体感受（或者说是半本体感受，在其中我接收来自他人身体的信号）。在这种情况下，我不仅会弄错我的双腿的位置，而且似乎会弄错它们是谁的腿，而这从表面上看（seemingly）违反了 IEM。因此，詹妮罗德和帕彻丽提出，对于这种错误辨识，我们至多只有**事实上**的免疫，而没有**原则上**的免疫。

> 本体感受和被动的触碰**事实上**可防止错误辨识。尽管我们可以设想：一个人能够通过这种方式被连接到他人的身体上，以至于他也具有通达他们的状态的本体感受和触觉的通道，但在现实世界中，本体感受和被动的触碰只携带有关他自己身体的信息。(Jeannerod and Pacherie 2004 ，117)

不过，观察实际的经验案例将有助于澄清这个问题。由于包括本体感受在内的传出和传入过程易受到实验操纵或神经系统的扰乱，因此，很容易表明 SA 和 SO 是可错的。

7.3.2 假肢妄想症

假肢妄想症是一种有时在中风和右顶叶皮层损伤后出现的症状。在假肢妄想症中，中风患者可能声称她的左臂不是**她的**手臂，而是，例如，属于她的侄女。她似乎错误辨识了她的身体部分，且显然对那部分身体来说，SO 出了问题。然而，在这个案例中，IEM 的问题实际上并没有出现，因为主体对她的手臂没有本体感受。保留本体感受的患者不会表现出假肢妄想症（Vallar and Ronchi 2009）。因此，假肢妄想症的主体对肢体的通达是**作为客体**对肢体的通达，并且，在这些案例中，没有对 IEM 做出的论断，不能认为假肢妄想症违反了 IEM。

伦敦大学的卡捷琳娜·福托普卢（Katerina Fotopoulou）（在私下交
141 流中）报告了一个有趣的案例，这一案例表明还有更复杂的情况。福托普卢有一个中风后的假肢妄想症病人。她声称，她的左臂（瘫痪且没有本体感受或感觉）属于她的孙女。这是当她被问及她的手臂并被要求看她的手臂时的反应。但当她在镜子里看到自己的完整形象，并被问及显现在镜子中的她的左臂时，她正确辨识出那是她的手。当她被问及她孙女的手臂时，她垂下眼睛，直视着她的左臂。每当她直视自己的手臂时，她会把它辨识为她孙女的手臂；每当她在镜子中看到她的手臂时，她把它辨识为自己的手臂。[3]

这个案例表明，对于**作为客体**的身体（body-*as-object*），可能存在不同种类的知觉。这种不同可以描述为以下二者的区别：对实验标准位置（experimental canonical position）中手臂的视觉和对实验非标准位置（experimental non-canonical position）中手臂的视觉之间的区别，前者就像我通常不需借助镜子来观察我的手臂一样；后者包括对镜中物的知觉，这与别人知觉我身体的方式更接近。实验研究表明，负责这两种不同的知觉的大脑区域可能不同。因此，一种可能的解释是，中风损伤的顶叶皮层区域涉及（或连接到）一个负责记录实验标准肢体位置区域，该区域不负责对实验非标准肢体位置或他人身体的知觉。[4]然而，在这两种情况下，IEM 都没有问题，因为两种情况都是对作为客体的身体的视觉。

实验标准位置（我通常知觉到的肢体位置）经常与自我中心（身体中心）的空间架构（例如，Petkova and Ehrsson 2008，强调了自我中心架构在这方面的重要性）或者第一人称视角（参见，例如，Fotopoulou et al. 2009）相关。根据这种观点，我对镜子中自己的知觉可以被称为非自我中心的（以对象为中心的）或第三人称的。但我认为后一种表达具有误导性，因为我所有的知觉都是在自我中心的空间架构中被安置的（也就是说，它们都在我的身体里有一个空间原点），在镜子和镜子中的图像要么在我前面，要么在我右边或左边等的意义上来说，甚至我对镜子中的我的形象的知觉也是在自我中心的空间架构中被安置的。正如梅洛-庞蒂所表 142
明的那样，非自我中心的空间架构是对被知觉空间的抽象。例如，如果我在视觉上知觉到对象 X 在对象 Y 的北面，对我而言，对象 X 和对象 Y 仍旧必然位于某个以自我为中心的架构内——X 或者在我的右边，或者在我的左边，或者在我的前面，等等。很明显，自我中心架构适用于视觉、触觉和嗅觉的知觉模式——它们都有某种与我的身体或身体的部分相关的指向。

然而，自我中心架构不适用于本体感受。本体感受并不处于自我中心的架构中。我的右手的本体感受位置与我的身体无关——它**是**我身体的姿势；它与知觉的原点没有关系——它就是那个原点（例如，在触觉中，我的右手触摸其他东西）。在本体感受的地图上，在任何实验标准位置中，我的左脚并不比我的右手离我更近（参见 Gallagher 2003）。这可能有助于解释在实验标准位置看到我的手和在镜子中看到我的手之间的区别。在实验标准位置看到我的手，这通常涉及本体感受在非相关的、非自我中心的架构（称之为**非相关的身体架构**）和视觉（在相关的、自我中心的架构中运行）中的一致整合（consistent integration）。在镜子中看到我的手涉及这两种架构之间的冲突，在本体感受上我感觉到我的手在这里，但是我却看见它在那里。在这种情况下，我从视觉上将我的手知觉为自我中心空间中的**对象**。在这一语境下，把自己体验**为主体**，就是在非相关的身体架构中把自身体验为自我中心空间架构的起源。可以说，我并没有为进入这个非相关的架构打开一个入口，我就**是**它（架构），我以它**为生**。非相关的身体架构（知觉的起源，它涉及我身体的复杂组织，而非一个字面上的零点）和自我中心空间架构的整合构成了第一人称的知觉角度或者视角。第一人称视角的概念将有助于澄清以下一些案例。

7.3.3 橡胶手错觉和整体身体置换

143 埃文斯关于 A 和 B 的思想实验激发了这样一种观点，即 IEM 是**事实上存在的**（*de facto*）（也就是说，IEM 是偶然的而非绝对的）。即使假肢妄想症的案例不能证实这一观点，但这一观点似乎确实被最近的一些实验所支持，包括橡胶手错觉实验（例如，Botvinick and Cohen 1998；Tsakiris and Haggard 2005）和整体身体置换实验（在实验情境中，参见 Lenggenhager et al. 2007），或者对被动触摸和 SO 做出某些限制的体外实验（参见 Blanke and Arzy 2005；Blanke et al. 2002）。

在橡胶手错觉（rubber hand illusion，RHI）中，你坐在桌子前，把左手放在桌子下面。一只橡胶手被放在你面前的桌子上，靠近你左手的标准位置（canonical position）。你的左手经受被动的触觉刺激（例如刷一下手指），同时你看到橡胶手受到相似的刺激。很快，你就会觉得那只橡胶手好像就是你自己的手，你感受到的刺激来自这只橡胶手。你对你的身体的属我感延伸到了这只橡胶手上。基于本体感受或被动触摸的 IEM 是否因此无效了？

奥拉夫·布兰克（Olaf Blanke）的整体身体置换实验（Lenggenhager et al. 2007）也采用了类似的设计，但更加显著。你戴上虚拟现实眼镜，观看正在被触觉刺激的自己背部的实时视频。因此，在你感到你背部的触觉刺激的同时，你看到你自己的（虚拟的）背部在你面前几英尺处受到刺激。结果，你开始感觉到在你实际位置前方几英尺的虚拟身体上的触觉刺激，你感觉自己被转移到了虚拟身体的位置。同样的效果还能这样被创造出来：将视频中的背部替换为人体模型，同时轻抚你的背部和人体模型的背部。那么属我感就转移到了人体模型的身体上。

在这些实验中，当SO被扰乱或者被置换时，它们似乎对IEM构成了挑战。但是在这两类实验中，可以看到，身体的视觉逐渐主导触觉——伴随着你的触觉体验，SO转移到了你**看到**刺激的地方。当你闭上双眼，这 144
种效应就消失了。如果我们假设SO是本体感受、前庭觉、触觉和视觉信号多感官协调的结果，那么，在这些实验中，触觉/本体感受的信息被重新映射到视觉中——例如，一个人的手的位置被重新映射到视觉中被看到的手的位置，并且，被看到的手就像那个人自己的手。[5]视觉挟持了本体感受，人们可能会认为，在这种情况下，我们在视觉上将我们自己指称或者辨识为**对象**，如同维特根斯坦提到过的镜子的例子。尽管是以一种扭曲的方式，一个人对自己手臂的确切位置或被刺激的位置的直接本体感受还是会参与其中。

人们还必须考虑受试者同意做实验时所处的确切处境。就其身体而言，受试者可能事实上从一个非观察的视角（可能是也可能不是IEM），转变为一个观察的视角，在这一视角下，她把身体作为客体来进行反思（这绝对不是，也不会声称是IEM）。安东尼·马塞尔（Anthony Marcel 2003）在对异己手综合征（Anarchic Hand Syndrome）——在这种病症中，患者的手似乎有它自己的想法，而且可以做出受试者由于大脑损伤而无法控制的意向行动——的讨论中指出：

> ［这种］病理状态使患者成为他们自己行动的观察者……这表明，只有在特定状态下，一个人才对他的行动具有观察性的知识。在病理情况下，这是由于正常控制的缺失而造成的限制。在非病理的情况下［例如在实验条件下］，这是由于采取了某种注意的态度，也即，在观察一个人的本体感受反馈时采取了一种中立的立场。（2003，87）

采取一种观察的或者中立的立场，包括重新构建非相关的本体感受的身体视角，以使我的身体在自我中心空间中作为客体显现。当我们的注意力集中在我们的身体（或者身体部位）而非手头的工作时，这种情况就很容易发生。

145 一方面，在视觉挟持了本体感受的程度上，以及在 RHI 和整体身体置换实验将受试者置于一种将自身视为对象的观察立场的程度上，人们可以辩称，IEM 并不适用，因此不存在对 IEM 的违反。另一方面（可能是橡胶手错觉），如果我将本体感受作为 IEM 的基础，而我的本体感受（被挟持或未被挟持）让我误入歧途，那么 IEM 似乎就失灵了。在后一种情况下，詹妮罗德和帕彻丽提出的策略是承认这些现象不同寻常的或实验诱导的性质，并主张 IEM 是**事实上的**（或者说，偶然的）。即便如此，对我们的日常境况而言，IEM 似乎仍旧足够可靠。由于在大多数日常行动中，本体感受不会被误导，SA 和 SO 不是分离的，而且确实难以区分，所以，我们前反思的自身觉知的根据是相对稳定的。

在考虑另一种类型的实验之前，从不同的角度看待橡胶手错觉，观察 SA 如何调节 SO 并产生一种更整体的自身感，将会有所帮助。查基里斯和哈格德（Tsakiris and Haggard 2005）证明，在 RHI 中，存在朝向橡胶手的本体感受的漂移（drift）。也就是说，被动地受到刺激的（真实的手的）手指被判断为比实际更接近橡胶手的位置。但这种影响只局限于受到刺激的手指，而不是整只手，这意味着对身体部位的一种碎片化的 SO。进而，查基里斯和哈格德假设了一种更整体的身体（运动）图式，在行动中，因此在涉及 SA 时，这种图式就会介入，它将有助于产生一种更一致或者说更整体的 SO。在进一步的实验中，受试者在两种情况下观看他们的手的实时影像：一种情况是受试者移动自己的食指，另一种情况是受试者的食指被实验者移动。在第一种自身产生的运动中，有 SA；在第二种被动的运动中，没有 SA。查基里斯和哈格德的研究表明，被动运动中的本体感受改变只针对一根手指，而自身产生的运动的本体感受漂移则针对整只手。他们的结论是，“通过体验发现，主动的身体比被动的身体更连贯和统一”（2005b；参见 Tsakiris，Bosbach and Gallagher 2007）。行动
146 主体以及所涉及的相应的传出信号调节传出反馈和更一般的身体觉知，并因此而调节一个人行动的 SO。在行动中，SO 被整合进了运动控制的更整体的身体图式过程中。

7.3.4 NASA 机器人体验

我们可以把这种观点再往前推一步，并且表明，当我们发起某个行动

或执行某项任务但却没有以任何清晰的方式（通过观察）关注身体时，当感觉反馈（包括本体感受以及关于我们身体姿势和运动的视觉信息）减弱时，SO 和 SA 既是整体地被整合的，又是前反思地隐性的（recessive）。正是在这种正常的情况下，当对身体的体验是非观察的和前反思的，如果我恰好在使用某种设备，那么该设备可能会被体验为我身体图式的一部分，并且 SO 和 SA 可能会延伸到该设备上。根据神经学家亨利·海德的观察，正如梅洛-庞蒂所指出的那样（参见 Merleau-Ponty 1962 ，143），就像盲人的拐杖像是他身体的延伸一样，木匠的锤子也可能感觉就像是木匠身体的一部分。

科尔、萨克斯和沃特曼（2000）描述了他们在 NASA 航天中心使用虚拟现实眼镜和手套控制机器人手臂的体验。他们用手做的每一个动作都会引发机器人的手以相同的方式移动，而且他们是从机器人的视角来观察机器人的手的（即，他们通过机器人的摄像头眼睛来观察机器人的运动）。在这样的情况下，他们报告说他们有一种直接的感觉：机器人的手臂是他们自己的手臂。对于以这样的方式控制机器人手臂的行动主体来说，他们的 SO 和 SA 都转移到了那些**客观上**不属于行动主体之身体的事物和运动那里。有人可能会说，机器人的手臂成了行动主体身体图式的延伸——是有生命的和被体验的作为主体之身体的一部分。我作为一个行动主体，如果把机器人的手臂体验为我自己的手臂，那么我是否犯了辨识的错误？

这里有一种双重的歧义，我们需要克服这种歧义，才能得到一个明确的答案。首先，在把机器人的手臂**体验为**我的手臂和将它**辨识为**我的手臂之间存在歧义。其次，某人身体的客观情况和主体在行动中体验身体的方 147
式之间存在歧义。（a）如果我被要求反思地判断我是否会将机器人的手臂辨识为我身体的一个客观部分，我的回答将很可能是“不，这个机器人的手臂不是我身体的一部分”。然而，无论我怎样回答，都不会危及 IEM，因为 IEM 既不适用于清晰的辨识判断，也不适用于作为客体的身体。但是，（b）就 NASA 机器人的例子而言，我可能确实把机器人的手臂体验为我的（有生命的）身体之一部分。假若这样，就会危及 IEM，因为它属于体验主体。当我这样表达这个体验——“我［或者我的手臂］正紧握工具”，而实际上是机器人手臂正紧握工具时，我没有以违反 IEM 的方式错误辨识我自己吗？

为了澄清依赖于**作为客体**和**作为主体**之间区别的（a）和（b）之间的区别，我们来考虑另一种情况，在这种情况下，视觉和视动觉（visual kinaesthesia）使躯体的本体感受失效，并在什么都不存在时产生一种自身运动感。视动觉包括由我实在的或者未必真实的运动所产生的视觉信息。当我旁边的火车在移动而我的火车不动时，出现的光流（optic flow）和视动觉会导致一种错误的体验：即使我没有移动，我也感觉我正在（和我的火车一起）移动。在此基础上，如果我说，"我（而不是另一辆火车上的那个家伙）在移动"，人们可能说我弄错了谁在移动，或者，我没有弄错我指称的那个人（我显然在指称我自己），我只是在移动的问题上出错了。然而，无论是哪一种情况，都没有违反 IEM，因为这里不涉及躯体的本体感受（假设我在静坐，四肢不动），而关于 IEM 的断言是用于躯体本体感受的，而不是用于视动觉的。

火车的例子有助于我们理解**作为主体**和**作为客体**的维特根斯坦式的区分。（a）一方面，在坐火车的例子中，如果基于我的视动觉，我说"我在移动"，我们可以把这理解为使用第一人称代词**作为客体**，作为对依赖于火车状态的我的物理状态的客观陈述。也就是说，如果火车在移动，那么
148 我就在移动。问"有人正在移动，是我吗?"是完全合理的。正如在镜子的例子中那样，我对谁被晒伤了的判断的对错，取决于镜子相对于我的位置的某种偶然性，所以，同样，在火车的例子中，关于谁在移动的判断的对错，取决于火车实际上在做什么的某种偶然性。如果我乘坐的火车没有移动，那么在谁在移动这个问题上，我的确弄错了，但这并不违反 IEM。（b）另一方面，更接近表达真实的体验，如果我说"我**感觉好像**我正在移动"（这是我推断我正在移动的基础），即使我没有移动，看起来似乎很清楚的是我没有弄错有这种体验（感觉）的人是**谁**。问"有人有这种体验，是我吗?"似乎就是没有意义的。回到 NASA 机器人的例子，如果我说"这个工具在我手里"，有两种理解该陈述的方式：（a）作为一个对客观事实的错误陈述，在此我错误判断了所涉及的是谁的手，不过这里没有违反 IEM，因为这是一个关于作为客体的自身的陈述。（b）作为一个关于我的体验的陈述："［我感觉好像］有工具在我手里"。但这表明，我在指的"我"确实是我自己，即使客观上来说，我所指称的手是机器人的手。在这种情况下，我并没有错误辨识我自己。

通过所有这些例子——埃文斯关于 A 和 B 的思想实验、假肢妄想症、

橡胶手错觉、整体身体置换、NASA 机器人以及不动的火车——人们仍然可以声称本体感受**事实上**有一种 IEM。在我们的日常体验和行动中，在大多数情况下，我们确实有免于错误辨识的属我感和行动主体感。这也就是说，在几乎所有情况下，我们的身体体验和行动都直接而可靠地锚定在一个前反思的自身感上。不过，我将在下一节指出，NASA 机器人的例子表明，对 IEM 提出更有力的主张是可能的。

7.4 第一人称视角

如我们所见，本体感受可能被各种病理和实验扰乱或扭曲。同样，149
SO 和 SA 也可能在不同情况和不同程度上消失或脱轨。然而，尽管存在对体验的这些调节，我们能否坚持主张，即使在这些情况下，IEM 也不只是一个偶然的事实？我的体验或许缺少本体感受的维度，或许缺少 SA，或许缺少对某一肢体的 SO，或许会错误地将 SO 纳入不属于我的肢体上。但是，即使当我没有我所引起的行动的 SA 时，当我将一个不属于我的肢体体验为我的肢体时，如此等等，那个正在体验的人仍旧是我（即使我是以某种错误的方式在体验），我似乎不可能弄错这一点。因此，一定存在比本体感受、SA 或者 SO 更基本的东西来锚定 IEM。

前反思的自身觉知包括一种基本的自身/非自身的区别。即使对特定身体部位或者身体运动的 SO 被扰乱了，它还包括对我所拥有的一切体验的一种基本的属我感。我或许缺乏对我身体特定部分的本体感受，我或许认为我的左手属于他人（如同假肢妄想症那样），我的本体感受或许被视觉体验所扰乱，如同在某些情况下我将橡胶手体验为我身体的部分，或者我甚至会将我的整个身体体验为置换的或异己的（在整体身体置换实验中），但是，在所有这些情况下，我仍旧感觉到是**我**在体验着这些事。这些体验中的自身确定性（self-specificity）与某种在所有这些情况下都继续存在（survive）的东西有关。在身体的体验方面，继续存在的东西（即使当本体感受没有继续存在下来时）是非相关的身体架构，这个身体架构作为**第一人称视角**的原点（或者更准确地说，是复杂的身体原点）而行动，这种第一人称视角，就知觉和行动而言，在非相关的身体架构与指称的自我中心的空间架构的整合中被揭示了出来。

实际上，我们可以说第一人称视角在严格意义上是自身确定的（selfspecific）。在此，我跟随勒格朗和鲁比（Legrand and Ruby 2009）将自身确定性定义为：（1）排他的；（2）非偶然的。

> 一个给定的自身，即S，由一个自身确定的成分C构成，构成的前提是C对S具有排他性（即，C不表示非S）和非偶然性
> 150 （即，改变和失去C就等于改变和失去S与非S之间的区分）。
> （Legrand and Ruby 2009 ，272）

根据该定义，所有知觉中隐含的第一人称视角都是自身确定的。我们身体的自身觉知的可靠性在最低限度的意义上锚定于非相关的身体架构中，这个架构是我对世界的第一人称视角的原点。没有第一人称视角，我永远不可能体验到任何东西，甚至无法体验对SA和SO的丧失，因为它是我的体验结构的前反思部分。

在此基础上，提出一个关于IEM的更强有力的主张似乎是可能的，也就是说，即使SA和SO都被扰乱或者改变，我的自身体验中仍然存在某种能够维持IEM的东西，这就是对世界的具身的第一人称视角。实际上，如果正如现象学家所宣称的那样，即所有体验都具有这种前反思的结构，那么，甚至当我反思地把自己觉知为**客体**时，当我观察维特根斯坦的镜子并错误辨识了**作为客体**的自己时，对于我错误辨识的是谁，我不会出错——我错误辨识的是我自己。稍显怪异但准确的说法是：为了能够错误辨识**作为客体**的自己，我就不能错误辨识**作为主体**的自己。

在这方面，人们不应该将IEM和彼得·弗雷德里克·斯特劳森（P. F. Strawson 1994）所论证的那种“被担保的自身指称”（guaranteed self-reference）相混淆。被担保的自身指称与第一人称代词的语法使用有关。凡是说“我”（I）的人都不得不指称他或她自己。在此种意义上，即便是**作为客体**的第一人称代词的使用也不会出错。当我照镜子说“我被晒伤了”，我或许会弄错被晒伤的是谁，但语词“我”这个词指称的不是别人，而是我自己，也就是这个说话者——而这也正好就是为什么我的判断会出错的原因。

可以说，IEM反映了被担保的自身指称，但IEM更基本，因为它基于第一人称视角，而第一人称视角首先使我能够产生**作为主体**的第一人称陈述。IEM甚至比被担保的自身指称更普遍，因为它甚至涉及不使用第一

人称代词表达的体验。更确切地说，它适用于任何涉及第一人称视角的体验——这可以说包括我的一切体验。当我在镜子中看见晒伤的手臂，并错 151
误地说“我晒伤了”时，由于与被担保的自身指称相关的一些理由，“我”并不指称除我之外的任何人，而是指称作为一个主体的我自己，作为主体的“我”不仅仅是这个说话者，因为即使我错误地将某些东西归属于**作为客体**的我自己，我也具有看镜子中手臂的那个人的第一人称视角。这个第一人称视角准确无误地将我锚定在自己身上，并且保证了我对作为主体的我自己的前反思的觉知。对于把晒伤归属给**谁**，我没有出错；我把它归属给我自己，正是由于这一原因我才出了错。但这是一个关于谁晒伤的错误，这不是一个关于谁做出了（错误的）归因，或者谁有照镜子的体验的错误。我不仅是使用第一人称代词的人，更为基本的是，我是正在照镜子的那个人—— 即使在此我不是**被**知觉的东西，但我是那个知觉者。**存在（的东西）**显然比被知觉的东西更多（to be is clearly more than to be perceived）（作为客体的自身），它是知觉者（作为主体的自身），而不仅仅是使用第一人称代词的说话者。我只能辨识或者错误辨识作为客体的自己，因为我（作为或知觉或行动或判断的人）不可能错误辨识作为主体的我自己。在任何我辨识或者错误辨识作为客体的自己的情况下，我作为主体总是正在行动、正在体验、正在错误辨识。这使得 IEM 不仅仅是**事实上的**（*de facto*）。[6]

埃文斯把 A 的身体和 B 的本体感受信息连接起来的思想实验，也给了我们一个不同的答案。A 说他的双腿交叉，可以推测是错误辨识了他自己，因为真正交叉的是 B 的双腿。然而，在此种情况下，认为 A 基于本体感受错误辨识了他自己的这一论断，是建立在对是什么构成了 A 的身体的同一性这一问题的客观思考基础上的。客观地说，也就是我们区分了 A 的身体和 B 的身体。但是，从第一人称视角来看，也即当 A 体验它的时候，这种区分并不有效。在非相关的身体架构中，从 A 的第一人称视角看，我们所讨论的身体是 A 的活的身体（lived body）——A 在本体感受上体验的身体，不论本体感受是否传达关于身体位置真实客观的知识。
正如像胡塞尔和梅洛-庞蒂这样的现象学家所理解的那样，活的身体可以 152
包括像幻肢那样的东西（有人可能会说它们并不客观存在），并且能够将事物融合进身体图式，诸如盲人的拐杖、橡胶手或者机器人手臂这些客观上不是身体一部分的东西。作为从第一人称视角被体验或者被亲历的身体，能够以一种客观身体无法延伸的方式延伸至周边环境中。客观上，说A的身体不包括B的腿是有道理的。一旦我们重新设计A的本体感受系统，将B的腿（或者更一般地说，B的身体）纳入其中，那么A说“我的腿交叉着”而其指称却是B的腿的问题就不是一个错误辨识的问题。A与B的腿的关系恰恰是这样的，在这种关系中，A不必辨识它们，就能说它们是交叉的。正如我们在舒梅克那里所了解到的，这也正是IEM的特点。也就是说，在这些案例中，我们避免了错误辨识，不是因为我们擅长辨识我们自己，而是因为这里不涉及辨识的过程。

第一人称视角的根源本身能够转移是否会使这个关于IEM的强论断变得更加复杂？佩特科娃和埃尔逊（Petkova and Ehrsson 2008）所做的身体交换实验中发生了这样的情况。在这个实验中，受试者戴上虚拟现实眼镜，看到由摄像机投射出的图像，摄像机由另一个站在该受试者面前的人戴在头上。视频图像，即受试者所看到的图像，是主体自身的正面视图。当受试者伸出手与另一个人握手时，受试者的体验是他的一只手在与他自己握手，并明显伴随着知觉视角的转移。

> 在当前的错觉中，视觉、触觉、本体感受的信息与主动运动中的这些模式预测的感觉反馈，在以一个新的身体为中心的自我中心指称框架中，是在时间上和空间上一致的。因此，从［被转移的］第一人称视角来看，多感觉和运动信号的匹配足以创造出一个人对自己整个身体的完整属我感。（Petkova and Ehrsson 2008，6）

第一人称视角的根源能够“旅行”（travel）的事实是否对IEM的强论断有影响？

153 在某种程度上，NASA机器人实验就是一个明显的例子。例如，如果我错误地说“我坐在一张桌子前”，而我之所以是错误的，是因为事实上我正通过虚拟现实眼镜从机器人的视角看见了那张桌子，我是否错误辨识了我自己？很显然，正在体验这些的是我（作为知觉的主体）。我的视觉视角已经被技术性地转变了（或许我的本体感受已随之转变），但是这个视角仍旧是我的视角——即使它不再（客观上）与我身体位置的标准视角相符，即使我作为主体所体验到的东西源自一个转变的视角。“我”指称的是那个我所是的主体，这个主体的体验是在那个视角中的体验。

让我们来考察最后一个案例，其中 IEM 和第一人称视角之间的联系受到了严重挑战。这个案例涉及匿名视角（anonymous vision），由扎恩、塔拉兹科和艾伯特提出（Zahn，Talazko and Ebert 2008）。他们描述了一种紊乱，该紊乱选择性地丧失了对对象之视觉的属我感。值得注意的是，受试者（DP，一个 23 岁的男子）在本体感受领域具有完整的 SO 和完整的主体感。DP 最初的抱怨是他有“复视”（double vision），这开始于他假期参加海洋潜水并长途飞行后。检查显示他根本没有复视，也就是说，他没有把一个对象看成两个。相反，他描述了在看见事物的过程中所涉及的两个过程。

> 当观察或专注于一个新的视觉对象时，他能够将该对象看作一个单独的对象，但是……他的知觉方式发生了显著变化，这是他以前从未经历过的。对于他而言，他似乎能正常地看到一切，但是他无法直接意识到他是那个在知觉的人，他似乎需要通过第二步去意识到他自己就是那个在知觉对象的人。（Zahn et al. 2008，398）

DP 尽管出现了这一视觉问题，但他报告说他在行动上没有问题；他的行动与正常人并没有差别，他也能直接觉知到他在行动。关于行动的 SA 仍然是完整的，他不需要第二步来辨识他是他的行动的主体。此外，即使他 154
关于对象的视觉在刚刚解释的意义上是有问题的，他对他人及其行动的知觉仍然是正常的，他的社会互动和交流也是正常的。他没有精神分裂症的症状，也从未表现出精神的或医学的症状。影像扫描检查显示，他的颞下区、顶枕区和中枢前区功能异常（代谢不足）。标准神经心理学测试未见异常；研究人员使用反应认知灵活性（reactive cognitive flexibility）排除了注意和执行缺陷，并从关于注意力表现和其他测试的成套测试中将注意力子测试分离出来。

扎恩等人称这个案例对 IEM 提出了挑战，因为 DP 对其第一人称体验的获取既不是直接的，也不是非观察性的。DP 似乎能够有意义地问出维特根斯坦式的无意义问题：“某人正在观察这个对象，这个人是我吗？”然而，据我们所知，在每一个正确答案为“是”的问题中，DP 都给予肯定的回答。即使他关于视觉的属我感依赖于反思的内省，并且实际上他必须对视觉主体的身份做出判断，但到目前为止他还没有犯辨识错误。然而，他必须做判断这一事实，的确是一个问题。正如舒梅克解释的那样，当我们需要做出一个辨识的判断时，我们或隐含地或明确地诉诸标准。DP案例中的问题是，他使用什么标准来做出正确的判断。也就是说，为什么他的回答是肯定的？为了回答这个问题，他考察了自己体验的哪些方面？这一点在扎恩等人的报告中并不清楚，可能DP也不清楚。

仅凭借如何做出反思性判断这一问题，是否可能消除IEM受到的威胁？扎恩等人反对这种可能性。如果批评者认为，对DP而言，自身属我感只是延迟了，但仍然完好无损（intact），那么扎恩等人恰恰指出，DP反转向反思判断的方式根本不是IEM应当起作用的方式。然而，为了弄清这一问题，让我们把自身属我感的问题放在一边。正如我们已看到的那样，IEM的关键因素不是SO（也不是SA，甚至不是本体感受），而是第一人称视角。提姆·莱恩（Tim Lane 2012）在最近的一篇论文中明确指
155 出，这正是DP案例中的风险所在。莱恩表示，当DP看见一个对象时，看见的活动并不锚定在第一人称视角中。但这一点根本**不**清楚。也就是说，我们不清楚DP的视觉是不是一个漂浮无据的、非位置性的看见（seeing）。如果DP对对象的视觉完全是对什么都不是的东西（no one）的视觉（view）的话，那么这并不意味着它是一种源自无何有之乡（nowhere）的视觉；它必然（也就是说，它是视觉之本质的一部分）处在某个视角下，这可能正是那个使DP把它**断定**为**他的**视觉的东西。确实，正如舒梅克会对DP的内省所做的预测那样，我们也可以轻易地预测DP在这方面永远不会出错，因为永远不会出现这样的情况，即他发现他自己有别人的视觉体验。

有人可能会反驳说视角可能是非意识的（non-conscious）。例如，在非意识的视觉中，视觉仍是由知觉机制的视角方向决定的。我在这里思考的不只是被掩盖的启动效应（priming effects），在这一效应中，一种时间上相继的刺激掩盖了更早的刺激；我还要思考相对丰富的（但是非意识的）信息，这一信息由运动控制的背侧视觉系统提供，这些信息必然包括相对于人潜存的把握能力客体实际位于何处的信息。现在可能有人想说，如果DP的视觉是非意识的，那么它就不是一个“第一人称”视角——或

许说它是亚人格的更好。但是很明显，对于DP而言，情况不是这样的，因为他描述的视觉是有意识的视觉。DP没有描述诸如盲视的情况，盲视指视觉皮质受损而引起的失明，但是，在这种情况下，非意识的视觉信息仍旧能报告主体的选择和行为。他并没有抱怨说他看不见。的确，要想使他所做出的判断是关于他的视觉的判断，那么他的视觉就必定是有意识的。说他的视觉是有意识的，而且处于某个特定的视角中（也就是说，DP有意识地从某个空间视角看对象），意味着有一个具身的知觉原点，也意味着对象显现于指称的自我中心之空间架构中。任何人都想要在第一人称视角下获得的东西存在于DP的视觉中。这似乎伴随着这样的观点，即第一人称视角内置于知觉结构之中，而且，不可能存在源自无何有之乡的知觉。

如果第一人称视角没有问题，那么该如何解释DP的体验呢？一种可能性是，问题出在反思性内省或报告中。在一些例子中，一阶的前反思体验仍然是完好无损的，但反思过程停摆并且干扰了主体报告一阶体验的能力。例如，安东尼·马塞尔对速度和视觉体验的报告模式的实验表明，一个知觉的主体可能有真实的视觉，但或许没有能力对其提供真实的报告，也可能提供一个相反的报告，例如，一个人确实看见了某物，但他同时报告说什么也没看见（Marcel 1993）。一种模式的反思报告可能事实上遮蔽了知觉，而另一种模式（的反思报告）又确认了该知觉。另一个例子是有时伴随精神分裂的异己体验的过度反思（Sass and Parnas 2003）。对体验的某些原本完整的和隐性的（recessive）方面的过度反思，有时甚至是强迫性的关注，往往会导致这些过程产生一种扭曲和异己的感觉。事实上，这种扭曲可能涉及或者导致控制妄想。 156

扎恩等人对DP进行了精神分裂症筛查，并排除了这种可能性。然而，更一般地说，DP的问题不知为何出在一阶的、第一人称视角的层面上，这种可能性并不比问题出在反思过程中更大。[7]他的描述，最初是根据复视来表达的，最后在这两种可能性之间变得有些中立。它是按照这两个过程——视觉加上反思的自身辨识——来说明的。但是，如果设想一个有意识而没有第一人称视角的视觉很难的话（很难想象这会是什么样的，扎恩等人的DP案例并未提供这样的描述），那么去设想一个会干扰一阶体验的反思过程，就没有那么难了，因此，就其作为主体的体验而言，视觉可能看上去是模糊不清的，尽管同样的反思不得不断言说（相对于精神

分裂症而言），视觉不可能是别人的。根据这种解释，尽管主体会认为
“某人正在看这个对象，这个人是我吗？”是一个有意义的问题，这只是因
为他的反思性认知将他导向了那个方向，从而使他远离了仍旧掩盖在第一
157 人称视角中的东西，而且，无论如何，这都表明每次他都正确地断定它确
实就是他的知觉。

另一种看待这个问题的方式是，DP 并不是在一大堆可能属于别人的或者可能属于他的体验中选出一组视觉对象的知觉。他站在我的旁边，他并不会就因此将我的视觉体验作为他自己的一种可能的选择。就像休谟和我们大家一样，他非常正常，只能发现他自己的视觉体验，那是已经毫无例外地被描述为第一人称视角下的体验。情况应该就是这样的了，因为，与 DP 相比，我们通常不会用反思去确定这些体验是不是我们的。DP 的不同之处在于，他确实进行了反思，在这种反思中，他试图将这些体验看作他自己的体验。研究者们并没有排除这种可能性，即问题只是关于这样一个事实：这种虽非必要但却一贯真实的反思引入了第二步，这一步掩盖然后又正确地证实了隐含在其对象视觉中的第一人称视角。

认为 IEM 的真正锚点是刻画每一种体验的自身确定的第一人称视角的观点，显然受到了 DP 案例和身体交换实验中视角转换可能性的挑战。我认为关于 DP 的案例还没有定论（我们需要更多证据），但是，即使在这种情况下，至少有一个合理的解释可以让 IEM 完好无损，那就是，它与一阶体验的第一人称视角问题一样，是一个反思内省的问题。关于转移视角的实验，似乎 IEM 足够严格，可以适用于第一人称视角所指向的任何地方。

7.5 延伸阅读

萨特（1957）批判了胡塞尔的先验自我概念，主张非自我论的意识概
念。亨利（Henry 1973）对被动的自身触发中的自我及其自身构造进行了
详细的现象学解释。扎哈维（2005）全面考察了现象学中关于自身的不同
158 概念。卡尔（Carr 1999）为现象学的解释辩护，反对后结构主义和科学主
义的概念。克罗威尔（Crowell 2001b）讨论了海德格尔的第一人称主体性
概念。加拉格尔（2011c）收录了勒格朗、汤普森和扎哈维探讨现象学的
自身概念的文章。

【注释】

[1] 非自主运动的逻辑表明，一方面，在只与身体运动控制有关的最小意义上，SA 可能与传出大脑信号（运动指令）相关，因为，在非自主运动的情况下，SA 和传出信号都是缺失的。另一方面，SO 可能部分地是由感觉反馈产生的，尤其是在运动本身中产生的本体感觉/动觉的再传入，或者来自不同模态（modalities）的感觉反馈的整合（Tsakiris and Haggard 2005）。

[2] 并非所有人都如此。参见，例如，Billon（2011）；Bortolotti and Broome（2009）。

[3] 已经发现，相似的镜像矫正（mirror correction）现象引起了偏瘫失认症的即刻恢复（Fotopoulou et al. 2009）。

[4] 法雷尔等人（2003）表明了在顶叶下半部分，尤其是右侧，对于被知觉的非标准位置的肢体之自身运动和在脑岛中对非病理主体的标准位置之自身运动的知觉之差别性激活（differential activation）。萨克斯、贾马尔和鲍威尔（Saxe, Jamal and Powell 2006）在人体右侧外纹区域（right extrastriate body area）对从一个非标准视角呈现的身体部分的图像之回应中发现了激活。科拉迪-戴拉夸等人（Corradi-Dell'acqua et al. 2008）已经表明了在把自身知觉为一个外部对象的过程中对右侧顶颞枕骨（parieto-temporal-occipital）连接的激活（正如在镜子中，或在视频游戏中那样）。

[5] 麦克·马丁（Mike Martin 1995）提出，SO 与躯体感觉的身体界限关联在一起——但似乎，RHI 和其他现象［患肢、人格忽略（personal neglect）］与这一提议相悖。马丁的提议忽视了视觉效应。正如在体外体验中一样，“对一个人身体的本体感觉、触觉和视觉信息的整合由于不同感觉系统的不一致的核心表征而失败了。这可能导致在一个与某人身体的被感觉到的位置不一致的位置看见某人身体的体验”（Blanke and Arzy 2005）。

[6] 卡萨姆（Cassam 1997）表明，IEM 基于**一个人自己**（或者，一个人的身体，例如，通过本体感觉）**将自己觉知为视角原点**。身体的自身觉知是“作为主体”，仅当（1）它是一种把自己觉知为视觉原点的觉知（例如，本体感觉），以及（2）它是作为 IEM 的第一人称陈述的基础。但是我们已经看到，就这种觉知不可靠而言，IEM 仅仅是**事实上的**（*de facto*）。相反，我正在做出的论断并不是关于我把自己**觉知**为视角原点的——它是关于**作为**我的觉知的视角原点的。虽然埃文斯（Evans 1982，例如，第 222 页）也不止一次地暗示了这一点，但他坚持认为 IEM 依赖于通达方式或“获取知识的方式”。

[7] 在这方面，神经科学是相当复杂的。扎恩等人（Zahn et al. 2008）在下颞和顶枕区域——这些区域与视觉对象的标准相关——发现了异常情况（代谢减退）。但是，这些区域是为了明确的（反思的）自我指称而选择性地被激活的区域（Lou et al. 2004；也参见 Fingelkurts and Fingelkurts 2011）。在小脑和运动区域也发现了代谢

减退，这些区域涉及对一个人自己运动的感觉后果之预测，尽管在 DP 的主体性体验中没有发现任何问题，但这些区域对于运动区域的 SA 则是必要的。扎恩等人（2008，9）正确地指出，“单个情况根本不能解释大脑区域中的异常情况是否足以或者必定会引起异常体验”。他们的研究既没有澄清在 DP 描述的反思过程中所涉及的计时活动（timing），也没有讨论任何可能与这样的反思过程相关的大脑活动。

8. 生活世界、行动、叙事

就自身之具身的最小方面而言，关于属我感以及行动主体的思考仅仅是一个更大的故事的一小部分。主体感及行动本身，扩展到关于自身的更加叙事的层面，并进入根据意向、行动理由、自由和责任而被更好地描述的领域。关于我们自身和他人的叙事，不是关于知觉体验的最小维度，不是运动控制的前反思细节，也不是关于毫秒或秒的基本的或整合的时间尺度。它们与随着时间推移并在更大的世界背景下发生的行动和事件有关。 159

8.1 生活世界

我们在其中行动的世界不仅仅是我们四处活动的物理环境。世界是一组被体验为有意义的环境，这些环境不可被还原为环围着我们的纯粹物理对象。“直接体验的世界”、“已经在那里的”世界、“预先被给予的”世界、在我们日常而自然的态度中被体验到的世界，就是胡塞尔所说的“生活世界”。胡塞尔对生活世界的描述有两点值得注意。首先，该概念保留了几分他关于行动-意向性的早期概念的理智主义特征，尽管胡塞尔总是指向某种像是与世界的非理智的、更实际的关系。这里有一些胡塞尔的理 160
智主义的描述：我们“意识到世界是一个普遍的视域”；世界“对我们的意识是有效的”；世界“被预先-给予了存在者层次上的意义”。然而，最后一种说法开始指向非理智方面。生活世界没有“被给予”意识，而是

"预先-被给予"意识。对胡塞尔来说，一个被知觉的对象"被给予"意识——它在一个关于意向活动的意向性关系的终点显现出来。然而，生活世界是被预先-给予的——在你认识它之前，它就已经先于我们的意向活动在那里存在了。它作为事物在其中被给予的世界始终并已经在那里为你而存在了。非理智主义的、更实际的层面被表达如下：我们"属于世界"；在世界中，"我们基于对世界的被动拥有而不断主动地行动"。

其次，胡塞尔强调了一个事实，那就是我们都在这个世界里——在生活世界中存在始终是与他人在一个世界中共在——"我们所有人共同"存在于生活世界中。对胡塞尔而言，世界的意义是主体间地构成的。在下一章我们会看到世界的客观性如何依赖于一种开放的或先验的主体间性。现在我们可以注意到，生活世界呈现出了某些普遍的结构和规范的方式，它们源于特定的社会和文化安排并能够从现象学上进行研究。我们能够揭示生活世界的普遍特征，但也可以找到生活世界的某些由文化决定的特征。[1]

生活世界更加实际的方面不同于我们可能对生活所采取的任何理论态度；生活世界包含我们对生活的前理论态度——我们未经沉思的行动生活，它是一切理论化活动的基础和一切理论化活动的最终来源。例如，当我们从事科学研究时，我们作为一名科学家（与其他科学家一起）深深地植根于生活世界中。然而，科学所解释的世界不是生活世界。它是粒子、原子、分子的世界，或者是由我们从未见过或体验过甚至难以想象的恒星、距离和事件所构成的世界。科学的世界是一种关于世界的理论，就像形而上学提供关于世界的理论一样。但在我们试图以任何一种理论方式解释世界之前，我们就生活在世界之中。

161 理解生活世界与科学所描绘的"真实"世界之间的区别的一种方法是去想一想爱丁顿的桌子。1927年，著名物理学家亚瑟·爱丁顿（Arthur Eddington）在爱丁堡大学举行吉福德讲座（the Gifford Lectures）。在讲座开始时，他举了下面这个例子。他自己的话语最好地描述了这个例子，因此我把它们作为一段较长文字引述如下。

> 我已经着手去写这些讲稿，并已把我的椅子拉到我的两张桌子前。两张桌子！是的；我身边的每个对象都是双份的——两张桌子、两把椅子、两支笔。对于一门应该达到科学哲学之超越层

次的课程来说，这不是一个非常深奥的开端。但我们无法立刻触及事物的根底；我们必须首先一点一点地从事物的表面开始。而且，无论我从何时开始，我首先触及的东西都是我的两张桌子。

其中一张桌子我从早年就已熟悉。它是一个我称为世界的环境中司空见惯的对象。我该如何描述它呢？它有广延，它相对稳定，它有颜色，总之它是实体性的（substantial）。我所谓实体性的并不只是意味着，当我倚靠它时它不会倒塌；我的意思是，它是由“实体”（substance）构成的……我认为对实体性最好的描述莫过于说它是被一张普通桌子所示例的那种性质。所以，我们在原地打转。总之，如果你是一个没有太多科学顾虑的、普通的、具有常识的人，你将会确信你理解一张普通桌子的本质……

2号桌子是我的科学桌子。它是我最近才了解的一个东西，我不是很熟悉它。它不属于之前提到的世界，那个当我睁开眼睛时自发地在我周围显现的世界，尽管在这里我不考虑它有多少是客观的、有多少是主观的。它是一个以更曲折的方式引起我注意的世界之一部分。我的科学桌子大多是虚空。稀疏地散落在那片虚空中的是大量以极快的速度运动的电荷，但它们加在一起还不到整个桌子体积的十亿分之一。尽管它的构造奇特，但结果证明它是一张完全有用的桌子。它如同1号桌子一样令人满意地支撑着我的书写纸；因为当我将纸放在它上面时，微小的带电粒子以飞快的速度不断撞击纸的底部，所以纸就像羽毛球一样保持在几近稳定的水平上。如果我倚在这张桌子上，我不会穿过桌子；或者，严格地说，我的科学手肘穿过我的科学桌子的机会是如此之小，以至于在实际生活中可以忽略它。 162

逐一考察它们的属性，如果是为了普通的用途，那么似乎在这两张桌子之间没什么好选择的；但遇到特殊情况时，我的科学桌子便能显出优势来。倘若房子着了火，我的科学桌子会完全自然地分解为科学烟雾，而我熟悉的桌子的实体性质将会经历一个变形的过程。这种实体性质，我只能将其看作奇迹。我的2号桌子没有任何实体性质。它几乎是完全空洞的空间——诚然，力场遍布于空间，但这些力场属于“影响”的范畴，而不属于“物”的范畴。（Eddington 1927，ix－x）

从爱丁顿的描述中能得出两个要点。第一，胡塞尔会对 1 号桌子和 2 号桌子之间的区分感到高兴，因为这反映了生活世界和科学世界之间的区别。但我们能够开始看到一些胡塞尔看到了但爱丁顿却可能没有看到的复杂性。但这些复杂性与后者把 1 号桌子刻画为“实体性的”情况有关，与他对这种刻画的意义之描述有关。桌子是一个被构造的实体这一观点无疑是一种形而上学理论。有一种意义，在这种意义上，我在我的日常生活中确实把桌子思考为某个实在的东西。由于这个（当然可以追溯到亚里士多德的）形而上学概念或多或少侵入了世界的常识观念，进而这种形而上学理论侵入了我的生活世界——我前-理论地生活于其中的世界。不过，这种情况也适用于科学理论，尽管对桌子来说这似乎不大可能。也就是说，我可能变得如此熟悉科学以至于在我日常的、前-理论的朝向桌子的态度中，我开始把桌子看作某个主要由空间所构成的东西，或者看作由原子、粒子和力所构成的东西。

我们可以从使用胡塞尔的生活世界概念来谈论特定社会观念的哈贝马
163 斯那里借用一个短语——尽管我们暂时会把社会问题悬置起来。哈贝马斯谈到了“生活世界的殖民化”。生活世界有时会被某些实际上并不属于生活世界的特定系统与概念所入侵和占据——但随后，在生活世界以这种方式被殖民的意义上，这些概念实际上在其中找到了一席之地。人们或许可以找到比桌子更好的事例，因为我们大多数人都不会总是去琢磨桌子由原子所组成的过程。一个好的例子可能是我们思考抑郁（depression）的方式。一百年前，人们认为抑郁就是忧郁（*melencolia*）——一种某些人进入其中的持久的情绪。今天，尽管我们会以同样的方式在生活世界中遭遇抑郁——就人们处于某种抑郁状态而言，我们可能也会以科学的方式把抑郁看作一种涉及大脑血清素水平的疾病。这是一种思考抑郁的科学方式，即便我们不会用化学的术语把血清素看作 5 -羟色胺（5-HT）。自从百忧解（prozac）问世以来，受到科学熏陶的文化已经熟悉了血清素受体再抑制剂/5 -羟色胺受体再摄取抑制剂（serotonin receptor reuptake inhibitors，SRRIs），这种思考抑郁的方式已经或多或少侵入了生活世界。不论思考抑郁的这种科学方式是否正确，这都是一个不同的问题。

即使科学解释的某些方面侵入了生活世界，我们应该注意的是，对于胡塞尔来说，科学世界实际上是对生活世界进行抽象的结果。同时，我们能够看到生活世界与科学之间的另一种关系。胡塞尔指出，不仅科学概念

能够入侵生活世界——尽管科学概念仍然从生活世界抽象而来，而且科学理论还显现为生活世界中的科学理论。因此，

> 由于客观的科学植根于生活世界之中，它就与我们总是生活于其中，甚至是作为科学家生活于其中，因此也以科学家共同体的方式生活于其中的世界——就是说，与普遍的生活世界——有意义关联。但是，与此同时，客观的科学作为前科学的人（作为个别的人以及在科学活动中联合起来的人）的成就，本身是属于生活世界的。当然，诸科学的理论，即逻辑的构成物，并不像石头、房屋、树木那样，是生活世界中的东西。它们是由最终的逻辑要素构成的逻辑的整体和逻辑的部分。……但是，这种观念性如同任何观念性一样对以下情况并无丝毫改变，即它们是与人的现实性和潜能性有本质关联的人的构成物，因此仍然属于生活世界的具体的统一，因此这种具体的统一的具体性要远远超过事物 164
> 的具体性。（1970，130）①

关于两张桌子，我们应该注意的第二点是实际上有三张桌子。与胡塞尔的生活世界概念非常相似，当爱丁顿提到实践生活的时候，他只是暗示了第三张桌子。

1 号桌子：我们把它叫作胡塞尔的生活世界桌子。它被描述为“一个我称为世界的环境中司空见惯的对象。我该如何描述它呢？它有广延；它相对稳定；它有颜色；总之它是实体性的”。爱丁顿本来可以回到笛卡尔那里去找到这样一种描述。1 号桌子是那个我们看作常识对象的东西——世界中的一件家具。

2 号桌子：我们把它叫作爱丁顿的科学桌子：这张桌子是用科学术语描述的桌子——某种程度上脱离了生活世界。

3 号桌子：我们把它叫作海德格尔的桌子。这实际上就是当我们第一

---

① 加拉格尔的英译本引文与胡塞尔的德语原文不完全一致，译者在这里以德语原文为准。德语原文参见：Edmund Husserl，*Die Krisis der europäischen Wissenschaften und die transzendentale Phänomenologie*，hrsg. von Walter Biemel，Den Haag：Martinus Nijhoff，1976，s. 132；中译文参见胡塞尔：《欧洲科学的危机与超越论的现象学》，王炳文译，北京：商务印书馆，2017，第 164-165 页。——译者注

次走进房间想找个地方写我们的讲稿时所看见的那张桌子。它随带着一张我们看作坐的地方的椅子。也就是说，桌子与我们的最初遭遇并不是作为一个有广延、颜色和实体的对象，而是作为某种提供了实践机会的东西——作为某种指示了一个去坐下来写东西的地方、坐下来吃东西的地方这样的东西。

8.2 转动桌子

在爱丁顿进行吉福德讲座的同年，海德格尔出版了《存在与时间》。正如海德格尔在这本著作中表明的那样，第三张桌子实际上是桌子的主要意义。当你走进一个房间看到一副桌椅时，你发现这张桌子。你看到了什么？海德格尔指出，你不会把它们看作两个**对象**——在几何空间上临近的一张桌子和一把椅子。你并不是以一种沉思的方式看到它们。毋宁说，你用一种实用的方式去看那副桌椅。此外，如果你在寻找一个平面来写东西，或者一个地方去放东西，这时候你是用一种方式看到了它们；如果你需要某个东西在外面的街道上设置路障，那么这时你用另一种方式看到了
165 它们。也就是说，我们遭遇桌椅的主要方式不是将它们作为具有广延、颜色和实体的对象，而是根据一个提供了实践机会的情境而遭遇它们的——作为我能坐下来书写的东西，或者作为我能用来自我防护的东西。

我们在周围找到的椅子、桌子、各种事物和工具在与我们的关系中有某种特定的存在。海德格尔说，他们是上手之物（ready-to-hand，*Zuhanden*）。此外，我们与它们的独特关系刻画了我们在世界之中存在的方式。我们与周围世界的关系主要就是这种实际的关系。我们以这样一种方式在世界之中存在，即我们先是抓取物体，然后再去认识它们、拿起来用他们、安置它们以便我们可以坐或者倚靠它们。的确，我们设计了一个被建构的环境，我们栖居于这样一个环境中，而且我们以这样一种方式看到了这个世界，因为我们往往总是被牵涉进了这样那样的筹划中。

海德格尔区分了在世界之中存在的主要方式（在世界之中，事物是上手之物）和他认为是我们归属于事物的一种第二性的或派生的存在方式［海德格尔把它们叫作“在手之物”（present-at-hand，*Vorhanden*）］。当我们不是把桌子或椅子看作一个实用的工具去使用，而是将其看作一个有待通过形而上学或科学来解释的东西时，我们可以把它看作一个在手的对

象。海德格尔以锤子为例阐明了这种区别。如果你恰好是一个正在制作某个东西的木匠，你拿到锤子开始锤打这个东西。当你锤打这个东西的时候你可能在想着下周末与你的朋友一起去海滩。或者你正在计划去博物馆看一个新展览。无论如何，你不是在思考这个锤子。你以这样一种方式使用锤子以至于锤子不是你的一个对象。或许你专注于你正在制作的东西的设计上。你放下锤子，整理某物，再次拿起锤子迅速钉钉子。对你来说，锤子是上手之物。然而，如果锤子突然坏了会发生什么情况？或许锤子的头掉了，或者手柄裂了。锤子出了问题。现在你开始看着锤子，试图找出问题所在。现在锤子不再是上手之物，它已经转向了海德格尔所谓的“非上 166
手之物”（unready-to-hand）。甚至更抽象地说，我们可以把锤子看作某个在手之物，看作一个不可用的单纯的对象或实在的物体。

你生活于其中的世界——依照你体验它的方式、你在其中存在的方式——首先是一个上手之物的网络。海德格尔把这个网络称作一个相互牵涉的网络。一个事物与另一个事物关联在一起，一个事物指涉另一个事物。锤子指向要钉的钉子；钉子把你刚刚做好的画框连接在一起；画框把你刚刚挂在墙上的画框了起来；墙是你居所的一部分。你使用的事物的网络同样也指向他人——创作了这幅画的人、建造了这座房子的人、房主人、修理它的木匠，等等。世界在这些实际的意义中聚合在一起，所有这些指引都返回作为一个行动主体的你，从实际的角度来说，你与在你周围所看到的东西打交道。在世界以一种有意义的方式在知觉和行动中被揭示这种意义上，此在**有**一个世界，或在世界之中。

上手之物的一个令人好奇的方面在于它隐匿（withdraws）。换言之，我们往往不会注意这些东西——我们不去思考它们——作为工具或器械或物体。我们只是拿起来使用它们。当我们走进房间时，我们只是在椅子上坐下来并开始在桌子上写东西，而并不会考虑这是一把椅子或这是一张桌子。换言之，我们不必在椅子上坐下来之前对什么是一把椅子进行一番理论考察。

海德格尔认为，当我们以理论的方式对待事物时，这种重要的或原始的在世界之中存在的方式就被错失了。但这恰好是哲学已经在做的事情，事实上也明显如此。如果我们问柏拉图或亚里士多德或一个近代形而上学家，如笛卡尔或洛克，什么是知识所应有的最好形式，那么一致的回答将是理论知识（*theoria*）。亚里士多德对此非常明确；对他而言，实践知识

是次好的，技艺（技术知识）是最低种类的知识。就其更大的试图回答存
167 在问题的计划而言，海德格尔挑战了这种观点。换言之，形而上学总是从被理解为在手之物和被看作基础之物的东西开始。海德格尔从现象学上对这种观点提出了挑战，即，仅仅通过审视我们体验世界的方式。例如，这对于我们如何理解自然有一定的意义。

> 锤子、钳子、针，它们在自己身上就指向它们由之构成的东西：钢、铁、矿石、石头、木头。在被使用的用具中，“自然”通过使用被共同揭示着，这是在自然产品的光照中的“自然”。然而，这里却不可把自然理解为仅仅在手的东西，也不可理解为自然威力。森林是一片林场，山是采石场，河流是水力，风是“扬帆”之风。随着被揭示的“周围世界”来遭遇的乃是这样被揭示的“自然”。人们尽可以无视自然作为上手者所具有的那种存在方式，而仅仅就它纯粹的在手状态来揭示它、规定它，然而在这种自然揭示面前，那个“澎湃争涌”的自然，那个向我们袭来，又作为场景摄获我们的自然，却始终深藏不露。植物学家的植物不是田畔花丛，地理学确定下来的河流“发源处”不是“幽谷源头”。(1962，§15)①

海德格尔在这段话的结尾有点诗意，这预示了他的后期哲学——有某种对我们的上手之物的态度在多大程度上应该被看作原始态度的再思考(尤其参见 Heidegger 1993)。

海德格尔对实际打交道的活动在我们对世界之日常理解中的优先性的分析已经被美国哲学家休伯特·德雷福斯（1991；1992）所采用。德雷福斯从海德格尔的分析中获得了发展人工智能之可能性（或不可能性）的启示，并获得了一种对是什么构成了专门知识的理解。例如，就 AI 而言，他指出，对 AI 的标准计算-程序设计进路将无法获得我们在世界中如何理解和行动的上手方面。毋宁说，它只能把世界看作一个在手的实存者的集合。因此，例如，AI 或任何使用标准 AI 原理设计的机器人将永远不会对

① 中译文参见海德格尔：《存在与时间》（修订译本），陈嘉映、王庆节译，北京：三联书店，1999，第 83 页。

世界形成一种实际的把握。对于这种批判，德雷福斯同样借鉴了梅洛-庞 168
蒂的具身现象学，而且他进一步认为专门知识不是一种理智能力——我们理智地理解要做的事情，而是一种实用能力。我们能够熟练地与作为一个上手之指引网络的世界打交道，我们也以同样的方式拥有专门知识。在世界之中存在主要意味着在流动中存在（being-in-the-flow）。

海德格尔的桌子是胡塞尔和爱丁顿仅仅在暗示实际的或实践的东西时所暗示的那张桌子。后来，大约在20世纪中期，心理学家吉布森（他受梅洛-庞蒂的影响，而后者又受胡塞尔和海德格尔的影响）在“可供性”这个概念之下描述了事物的这种实践性特征。我们把世界知觉为一套或一系列可供性——椅子供我们坐，桌子供我们写，等等。他指出，这实际上是我们如何知觉世界的一种方式——我们不是将世界知觉为具有特定属性（这些属性使我们能够推断使用价值）的各种对象之集合；我们把世界知觉为我们能够据以行动的各种可供性的一个集合。之前我指出，这是我们理解意向相关项概念的一种方式（第4章）。在那种情况下，或者至少在大多数情况下，知觉是以行动为导向的。正如我们所已经看到的那样，当代关于生成知觉和意向性的哲学讨论源于并建立在这一观点之上。

8.3 行动与行动主体

在前反思层次上，我们定义为行动主体感（第7章）的东西由于如下事实要么被强化，要么被削弱，这一事实就是：行动是根据一种高阶意向性被刻画的。事实上，行动主体感从现象学上来说是一种复合物，包含体验的不同层次，即从感觉运动处理的基本方面到意向形成和回顾性判断的更高层次。

自身行动主体感（SA）是前反思的，这意味着它既不等于也不依赖于采取内省的反思态度的主体。它也不需要主体介入对身体运动的一种清
晰的知觉监控。正如当我行动时我不关注我自己身体运动的细节，我的主 169
体感通常也不是某种我关注的或清晰地觉知的东西。因此，SA在现象学上是隐性的。

如果我们将行动看作包含自生运动（self-generated movement）的物理的具身行动的话，那么就必然会涉及运动控制过程。最基本的运动控制

过程是在发布运动指令时所涉及的传出大脑过程。感觉抑制实验表明 SA 产生于行动开始的早期传出阶段，而且对我自己的行动之开始的觉知依赖传出信号（Tsakiris and Haggard 2003）。受试者缺乏本体感受但仍体验到一种努力感的实验强化了这一结论（Lafargue，Paillard，Lamarre and Sirigu 2003；参见 Marcel 2003）。

这种前反思的 SA 不仅仅是在我开始一个行动时产生的；当我继续控制我的行动，继续传出信号时，我从我的运动中获得的这种传入反馈也促成了一种持续进行的 SA。然而，就我觉知到我的行为而言，我意识到的通常是我正在做的事情而不是我如何去做这件事的细节，例如，我在做这件事时用的是哪块肌肉。甚至我对我的行动的隐性觉知是在最实际的描述层次上（例如，我正在喝酒），而不是在一个运动控制机制的层次上被触发的。也就是说，我的行动的现象体验已经涉及一个意向性方面。我试图在世界中完成的某件事所涉及的身体图式过程和基本身体运动，从我的意向中获得了它们的意义并因而受到了限制。

我在世界中试图去做的事情和我实际完成的事情的意向性方面进入了（强化还是削弱取决于我的成功）SA。这在现象学上是很清楚的，而且也得到了大脑实验的证实——这些大脑实验有助于区分纯粹运动控制功能（motor control contributories）（我正在移动我的身体的感觉）与行动的最直接的和基于知觉的意向性方面（我有一种对我的直接环境有所影响的感觉）（参见 Tsakiris，Bosbach and Gallagher 2007）。

170 除了涉及运动控制和知觉过程（它们使我们能够监控和引导我们的行动的意向性方面）的知觉运动过程之外，还有一些高阶认知成分，它们涉及有助于 SA 的意向形成。帕彻丽（Pacherie 2007；以及其他人，如 Bratman 1987 and Searle 1983）区分了未来意向（F 意向）和当前意向（P 意向）。未来意向与使我们能够制定我们的相对长远目标之在先思考过程有关。例如，我可能决定（形成我的意向）明天（或下周，或下个月，或在某个待定的时间）去买一辆汽车。在适当的时候我也许出去实施这个行动。然而，不是所有行动都涉及在先的意向形成。例如，我可能决定现在到厨房去拿点喝的，而实际上我发现自己已经在向厨房的方向移动了。在这种情况下，我还没有形成 F 意向，尽管我的行动确实是意向性的。在这种情况下，我的意向（P 意向）在我的持续的行动之中（塞尔将其称作“行动中意向”）。我到厨房喝点东西的当前意向或许涉及站起来向厨房的方向移动的一个实际的决定——而且在这样做的同时，我或许正在以一种明确的有意识的方式监控我正在做的事。这或许是一个相当复杂的行动。在我大学的办公室，厨房位于门厅并且晚上会被锁起来。如果我想喝点东西，我就必须走到门厅，从一个普通的房间拿上厨房钥匙，然后返回厨房，打开门，拿上喝的，再锁上门，还回钥匙，并返回我的办公室。尽管我在做这些事的时候在思考其他事情，我也同样在监控一系列不是自动的进行步骤。

在其他情况下，我可能沉浸于我的工作以至于没有注意到我正在伸手拿我旁边桌子上的水杯。在这种情况下，我可能仍然有一种最小的SA，它是由在运动控制过程中产生的前反思感觉和一个相当隐性的意向性方面（我可能只是在碰翻杯子或洒出饮料时才注意到）所构成的。在这种情况下，仍有梅洛-庞蒂所谓的运动意向性或帕彻丽所谓的M意向（运动意向）。

似乎在涉及一个F意向和/或P意向时，这些意向产生了一种更强的 171
SA。当然，如果我形成了一个明天要去买一辆车的F意向，而且明天就去汽车经销商那里买车的话，那么我会觉得我在实际掌控我的生活，而不是停留在想象中。在没有在先意向的情况下，我发现自己被一辆红色野马汽车吸引到了汽车经销商那里，并在没有事先计划的情况下买了这辆车。在后一种情况下，即使我没有否认我是我行动的主体，我仍可能感到有点失控。因此，似乎很明显，在某些情况下，主体的部分现象学可能与在先意向关联在一起。然而，我们应该区分意向形成的认知层次（这一层次可能涉及基于信念、欲求和评价等元素来下判断或做决定的情况，信念、欲求和评价这样的元素能够纳入对我们正在做什么或计划做什么的一种叙事的说明中）和一阶体验层次（在其中我们发现了前-反思的SA）。尽管我可以基于我对某个行动的主体感而做出判断说我是这个行动的主体，但SA本身不是一个判断。不过，清楚的是，意向的形成可能产生了一个比在没有形成未来意向或当前意向时所存在的SA更强的SA。

一个在先意向形成的结果显然是前瞻性的。但也存在能够对主体感产生一种回顾效应的后-行动过程。格雷厄姆和斯蒂芬斯（Graham and Stephens 1994；Stephens and Graham 2000）区分了两种自我归属。

> 主体性归属（Attribution of subjectivity）：主体（the subject）反思性地意识到并能够报告他在运动。例如，他可以说

> “这是我的正在运动的身体”。
>
> 行动主体归属（Attribution of agency）：行动者（the agent）反思性地意识到并能够报告他是他的运动的原因或发起者。例如，他可以说“我正在发起这个行动”。

根据格雷厄姆和斯蒂芬斯，SA 来自这种高阶的归属。他们根据“我们构建自身指称叙事（self-referential narratives）的倾向”提出了一种关于 SA 的说明，这使得我们能够回顾性地解释我们的行为——“这样的解释相当于一种关于人的行动主体性或意向心理学的理论”（1994，101；
172 Stephens and Graham 2000，161）。在这种情况下，我是否将我自己看作某些行动的主体“取决于我是否根据我的潜在的意向状态把［行动］的发生看作可解释的”（1994，93）。基于这种看法，一个特定行动的 SA 取决于我是否能够根据我的信念、欲求和意向反思性地解释我的行动。因此，我是否将某物看作我的行动“取决于我是否认为自己拥有那些能够对其在我之中的发生给出合理解释的信念和欲求”（1994，102）。

从现象学的角度来看，由于没有说明行动的前-反思的、运动的和意向性的方面的贡献，所以这种反思的、回顾的和过于理性的观点并不是对 SA 的最佳解释。然而，它似乎确实正确地表明了，一种对我们已做之事的回顾性觉知和一种把行动归属于我们自己的能力，与前瞻的、运动的和意向性的方面一起，能够进一步强化 SA，并树立对行动的一种责任感。对 SA 的前瞻的和回顾的作用（contributories）——这是把行动带入叙事尺度（scale）的东西，虽然它仍然坚定地立足于运动控制过程的基本尺度和意向性成就（performance）的整合尺度。

8.4　叙事尺度

一个人自己的自身感和在时间中的人格同一性是某种远远超越了最小自身概念的东西。我们无疑将自身作为在时间中延展的实存者来思考和谈论。不可否认的是，我们拥有记忆、形成意向、制定计划，而且，在我们的过去和未来之间有连续性。休谟（1739）有一句名言：自身是由一束被想象串联起来的瞬间印象所组成的。在他看来，一个延展的自身只不过是一个虚构，即使由于它赋予了生活以一种实践的连续感从而是一个有用的自身，但它仍然是一个虚构。一些关于自身的叙事理论是以这种方式来解读它的。例如，丹尼特（Dennett 1991）提出了一种似乎与休谟的观点和当前关于大脑如何工作的科学解释相一致的理论。神经学的处理多半分布 173
在大脑的不同区域，不能说有一个实在的、神经学的体验中心。因此，丹尼特得出结论说，在同一时间没有真正简单的体验（real simplicity of experience），在不同时间也没有我们能够为之贴上自身标签的实在的同一性。我们顶多可以把一个最低限度的生物学的自身看作某个实在的东西。但后者无非是一个涉及自身与非自身之间的区别、随着时间的推移不足以构成一致的连续性或同一性的组织原则。然而，作为人类，我们一定有比这更多的东西——我们有语言。通过语言，我们开始使我们的体验在延展的时间阶段内相对连贯。我们用语词去讲故事，在这些故事中我们创造了所谓的自身。我们扩展了我们的生物学边界，从而包含了一种有意义的体验的生活。

在丹尼特的解释中有两点值得注意。第一，我们不能阻止我们自身“发明”（inventing）我们自身。我们天生就要成为语言的使用者，而且，一旦我们被卷入语言之网，并开始讲述我们自己的故事，我们就不能完全控制我们的产品（product）了。与一些现象学家一样，丹尼特指出，“绝大多数时候，并不是我们在讲述它们（故事），而是它们在讲述我们”（1991，418）。第二，这种讲述的一个重要产物就是叙事自身。然而，依照丹尼特，叙事自身绝非实存的东西。毋宁说，它是一个空洞的抽象。特别是，丹尼特将自身定义为一个抽象的“叙事引力（narrative gravity）的中心”，并把它比作一切物理对象之引力中心的理论虚构。然而，就叙事引力而言，一个个体自我是由抽象的、可移动的点组成的，在那里，个体讲述的有关他自身的或由他人讲述的关于他的各种各样的（虚构的或传记的）故事（小说或传记）偶遇（meet up）在了一起。

盖伦·斯特劳森（Galen Strawson）反对叙事自身（narrative self），甚至是带有一种虚构性质的叙事自身的观点，因而在否认叙事自身之实在性的道路上走得更远。他质疑叙事的相关性是一种描述他自己体验的方式。在一定程度上可以说，他的论断是现象学的，因为它基于他自己的体验。他报告说，他“完全没有感觉到［他的］生活是一种有形式的叙事的生活，或者实际上是一种没有形式的叙事的生活。完全没有”。他也指出， 174
按照叙事来思考自身可能“封闭了重要的思想通道，使我们无法把握伦理的可能性，毫无必要地和错误地使那些并不适合他们的模式的人陷入困境，而且［或许］在精神治疗的背景下有潜在的破坏性”（Strawson 2004，429）。

然而，并不清楚，在解释这一立场时，斯特劳森（是否）并不依赖他在他的许多文章中所概述的一种特定的形而上学的自身概念（Strawson 1997；2011）。具体而言，他区分了“当一个人在把他自己主要看作一个整体的人时他对自身的体验和当一个人在把他自己主要看作一个内在的心理实存者或某种‘自身’时他对自身的体验”（Strawson 2004，429）。他一贯将自身*（他用来表示内在心理实存者的名称）刻画为一个最小的/最低限度的自身——一个“在鲜活的体验时刻中”（2011，253）不会持续超过大约三秒的自身，而且这个自身不应该被刻画为一个行动主体（Strawson 1997）。因此，他承认，作为自身，他与栖居于他的身体中的**其他诸自身**有一种特殊关系，但这个自身在当下是一个与其他那些诸自身*不同的心理实存者。“我清楚地觉知到，**就我是一个人而言**，我的过去是我的，而且我完全接受这样一个事实，即有一种感觉，在其中它现在与我*［我的当下的自身*］有特殊的关联。同时，我没有这样的感觉，即我*［当前的自身*］过去在那里，而且我认为，显然，作为一个形而上学的事实，我不在那里。”（Strawson 2004，434）然而，显然，无论他能就他与他过去的自身之关系说什么，**就他是一个人而言**，他都必然会采取一种叙事的形式。在他看来，这是一个关于叙事如何适用于自身的微不足道的概念。尽管如此，如果我们接受他关于自身*的观点，那么他似乎与现象学家和叙事理论家一样认为，最小的自身——正如他所描述的那样，即一个3秒的、非主体的心理之物——根本不是一个叙事自身。

与斯特劳森相比，利科（Ricoeur 1994）将自身设想为一种更长期的现象；与丹尼特相比，利科不是将叙事自身设想为一个在不同叙事交叉之处的抽象的点，而是将其设想为某个可以说更丰富、更具体、有其自身引
175 力的东西。除了人们可能认为是一种统一的叙事生活之外，依照利科的观点，我们还可以把自身看作许多叙事的总和（sum total），这个总和在其自身中包括一切模棱两可、矛盾、冲突、斗争和在人格生活中得到表达的潜台词。与丹尼特的叙事引力的中心相反，这个延展的自身是去中心的、发散的和多元的。在心理学层面上，这种观点以一种难以根据一个抽象的交叉点去表达的方式承认了冲突、道德上的优柔寡断和自欺。此外，对利

科而言，一个人自己的自身叙事始终与他人的叙事缠绕在一起。

更重要的是，叙事本质上与行动相关。关于自身实在性的观点不应该是这样的，即自身只是漂浮在它自己的自身构造的叙事过程之上，而不论这些过程可能多丰富、多复杂。毋宁说，自身是实在的，不是因为它是由一个叙事构成的，而是因为它实施了有实际后果的行动。当我指称（当“我”指称，并且当我的叙事指称）一个自身时，我所指称的东西是在高度语境化的生活世界中实施行动计划的具身主体。这样一个行动主体对我和他人来说都是可理解的，因为以这样一些方式展开的行动都是有意义的，这些方式不可还原为任何一组神经元激活、孤立的运动过程、肌肉收缩或基本运动——也就是那些能用纯粹自然主义的术语描述的现象。行动是由一个身体主体所实行的，这个身体主体又是由不同机制的集合所构成的。它们有一种有意义的意向性，我们用叙事术语来解释它们和它们的主体。

正如利科（1992）和其他人如阿拉斯戴尔·麦金太尔（Alasdair MacIntyre 1984）和查尔斯·泰勒（Charles Taylor 1989）所指出的那样，行动可以被叙述，因为它们有一种叙事形式。麦金太尔（1984，206）表示，行动能够用类似挖掘、园艺、健身、准备过冬或取悦配偶这样“平等的真（理）和适当性”来解释。同样的挖掘行为可能具有不同的意义，并适合不同的、有时是交叉的故事，这依赖于复杂的、实际的和社会的环境，因此，任何行动的意义都不纯粹内在于其运动方面。行动“很显然源于 176
一个人类主体的意向、动机、激情和目的……”（MacIntyre 1984，209），但它们的完整意义则取决于它们发生于其中的特定背景，而要想捕捉它们的完整意义则需要我们所谓的大规模叙事（full dress narrative）——不仅需要行动主体的叙事，尽管这可能是最直接地获得的，而且需要通过整合他人关于行动的言论所形成的叙事。行动是可理解的，首先是因为它们与行动主体的目的或目标关联在一起。意向的形成——正如一个人未来意向的形成——受制于那些与行动主体的信念和其他意向相关的一致性和融贯性的规范压力（Pacherie 2007）。这显然也是具有回顾性归属的情况。此外，行动能够超越其被意向的后果。因此，叙事解释包括那些也超越了单一的行动并属于行动主体本身的规范的和评价的维度。它们不仅适用于个体意向和行动，也适用于行动主体的作为一个整体的生活，就像她的行动和她的生活符合某种特定的传统和善的观念（MacIntyre 1984，219；Taylor

1989，3）。

正如梅拉·舍特曼（Mayra Schechtman 2011）所指出的那样，根据某些观点，尤其是那些对叙事自身的实在性持怀疑态度的观点，自身/行动主体仅仅被视为叙事的产品、主角。这就是故事的结尾。然而，其他观点将“自身性（selfhood）与用叙事的术语思考和提供叙事解释的能力联系了起来”（2011，398）。

行动主体也是提供叙事的主体，这些叙事向他人解释或证立他们的行动。要能做到这一点，也就是说要能产生自身叙事的话，实在的行动主体需要四种能力：（1）时间排序（temporal ordering）；（2）最低限度的自身指称（minimal self-reference）；（3）情节/自传记忆（episodic/autobiographical memory）；（4）元认知（metacognition）。

（1）**时间排序能力**（capacity of temporal ordering）。叙事涉及一个双重的时间结构。首先，有一个内在于叙事本身的时间框架，有一个在其中一个事件接着另一个事件的系列次序（serial order）。这个内在的时间框架有助于叙事结构的形成。利科（1992）指出，在叙事中有一种“不一致”和“一致”的辩证法。每个事件，当其出现在叙事中时，都是某种新

177 的和不同的东西（不一致性）；然而在另一种方式中，每个事件又都是一个系列（一致性）的一部分，它由之前到来的东西决定，而又限制即将到来的东西。一致性和不一致性的架构组成了故事的基本情节。然而，即使没有情节，叙事中也总是有一个系列次序。

人们可以根据麦克塔格特（McTaggart 1908）所谓的B-系列（B-series）来思考叙事的内在系列次序，在B-系列中，一个事件接着另一个事件。一旦这一次序被确立起来之后就不可改变了。也就是说，如果事件X在事件Y之先，那么它就始终如此。美国革命战争发生在法国革命之前，这一事实不依赖于这些事件发生于多久之前。然而，在叙事内部，一系列具有确定的客观次序的事件可能被无序地呈现出来，这种情况可能会以多种方式、多种原因发生，例如，通过先呈现事件Y，接着返回（倒叙）事件X来造成一种戏剧效果或一个合理的解释；抑或可能是叙事者不知道（或记错）事件的客观次序，并认为事件Y确实发生在事件X之前——这只是一个简单的错误而非刻意的戏剧效果。如果叙事以这种方式指涉实在的事件，那么它是以一种非真实（non-veridical）的方式这么做的。

相对于内在时间框架，有一种外在的时间性，它规定了叙事者与所叙

述事件的时间关系。我们可以把这种情况看作麦克塔格特的 A-系列（A-series），它是一个视角的或相对的时间框架。也就是说，从叙事者的当下视角出发（当前），被叙述的事件要么发生在过去，要么发生在当下，要么发生在未来。即使这种关系未加规定（“从前……”），但它通常向具体的规定开放，例如，相对于叙事者的当前，这些事件或曾在过去发生，或将在未来发生。当然，在虚构的情况下，这些事件可能从来就没有发生过或永远不会发生。我们可能恰恰认为，相对于叙事者而言，它们在时间中没有一个可确定的位置。然而，实际情况不可能如此。即使在自身叙事中，这样的事件从未曾发生过（例如，一个错误地被记住的事件）或永远不会发生（例如，一个永远不会被实现的计划好的事件），它仍然处于与叙事者的时间关系中。

我所谓时间排序能力仅仅指在这些时间框架中没有严重混淆的工作能 178
力。这些能力是习得的能力，它们基于由胡塞尔所描述的对体验的一种更基本的时间排序（见第 6 章）。我们根据基本尺度和整合尺度所描述的体验之基本时间结构不仅是在叙事中发现的恰当的时间排序之先决条件，而且正如我们所见，对于一种最低限度的自身感的发展来说，对于我们记住我们的体验的能力来说，对于我们实施行动的能力来说，对于我们反思我们的行动的能力来说，它也是一个必要条件。

（2）**最低限度的自身指称能力**（capacity for minimal self-reference）。正如胡塞尔在他对意识的这一基本时间结构的分析中指出的那样，滞留功能不仅保留了一种对刚刚过去的对象的意向性感觉，而且是通过保留对那个对象的意识来这么做的。滞留给了我们一种对正在体验世界的我们自身的体验。这是我们称作属我感（第 7 章）的那种对体验之“属我性”（mineness）的前反思的感觉——这是我使用第一人称代词的根据，也是我发布关于我的体验报告的能力基础。要想开始形成一种自身叙事，人们就必须能够通过使用第一人称代词来指称他自己。如果没有在自身与非自身之间做出区分的基本感觉，那么我就不可能用任何具体的规定来指称我自己，自身叙事也就没有起点了。最低限度的自身感是在自身叙事中被延展和强化的东西，而且正如我们已经看到的那样，通过错误识别避免错误（IEM）使最低限度的自身成了自身叙事的一个绝对安全的背靠。

（3）**情节/自传记忆能力**（episodic/autobiographical memory）。一个将叙事锚定于非虚构事件中的必要条件是情节记忆的特有功能。不论是时间排序能力，还是最低限度的自身指称能力，对于自传记忆的特有功能来说都是必要的。自传记忆包括对一个过去事件及其发生时的回忆与详细说明（specification），例如，对一个过去行动的自身归属。叙事理论建立在一个从洛克开始（1690）的漫长的哲学传统上，这一传统认为，正是这样
179 的记忆形成了人格同一性的基础。叙事理论者声称，人格同一性主要是在讲述过去的自传事件的叙事之中构成的。如果我的生活有任何程度的统一性的话，那么它是对我过去的行动和在我身上发生的过去的事件进行解释的产物，所有这些都构成了我的生活史（Ricoeur 1992）。如果我无法形成关于我的生活史的记忆，或者无法通达这些记忆，那么我将无法解释或充分叙述自身同一性的形成。

应该注意的是，自身叙事不只是某种取决于自传记忆之特有功能的东西，而且在事实上也有助于那种记忆发挥作用。正是由于叙事建构的当下语境和语义要求引发了对一个特定事件的回忆，所以记忆将会按照那些要求被塑造、解释和重构。此外，自传记忆不仅取决于，而且强化了一种更客观的自身感。我们可以根据人的发育和成长看到这一点。大约在 18 个月到 24 个月之间，自传记忆的能力开始形成，大概在同一时期，儿童获得了在镜子中辨识自身的能力（这种能力产生了一种客观的自身感）和语言能力（这对于叙事的建构具有本质意义）（Howe 2000，91－92）。

（4）**元认知能力**（capacity for metacognition）。叙事能力所要求的另一种重要的认知能力是与一个人自己的体验拉开一种反思的距离的能力。通常把情节记忆塑造为一个叙事结构的解释过程依赖于这种反思的元认知能力。要想形成一个自身叙事，那么我们要做的事就不仅仅是记住生活事件。我们还需要反思性地、选择性地思考它们，沉思它们的意义，并且决定如何把它们组合在一起。一个生活事件并不是自在地有意义的；毋宁说它依赖于一个叙事结构，这个结构反思其复杂的语境，并在其中看到了超越事件本身的意义。

元认知显然对于产生自身叙事的解释过程具有本质意义。正如梅林·唐纳德（Merlin Donald 2006）所说的那样，元认知提供了能在叙事中消除歧义并区分事件的"认知管理"（cognitive governance）。它不仅可以报
180 告一个人的体验，而且可以强化这个体验。在某种程度上，为了赋予生活以一种连贯性，强化（甚至虚构）一个人的故事是很正常的。如利科指出的那样，叙事的同一性"必须被看作虚构和实际体验的一种不稳定的混

合”(1992，162)。欺骗，尤其自欺，是很寻常的。

在一个自身叙事或叙事自身的形成中，总是有一种特定的叙事距离，这一距离是在叙事者（即正在叙述的自身）和被叙述的自身之间展开的。也就是说，自身永远不会与它本身完全一致。这种叙事的距离——比起非欺骗的自身叙事，这种距离在欺骗的自身叙事中更大（参见 Bedwell et al. 2001）——甚至出现在我们思考真实的自身叙事的情况中。正如凯瑟琳·尼尔森（Katherine Nelson）所表明的那样，在叙述我们的行动时，我们是以这样一种方式获得自身理解的，即“把行动和意识整合到一个整体的自身中，并将一个自身历史确立为对这个自身来说独一无二的（自身历史）”(Nelson 2003，7)。这种整合可能永远都不可能完成，仅仅意味着“整体自身”实际上是一个不完美的整体，也许永远也不会完全与他人的意向、行动和历史区分开来。

在这方面需要注意的是，叙事不仅是对过去的回顾。例如，在前瞻的意向形成中，我形成了对未来可能发生也可能不发生的一些行动的叙事。正如大卫·维勒曼（David Velleman）所指出的那样，这种能力使叙事者成了一个行动主体。行动主体的叙事引发并提供了实施行动并沿着他所设定的路线前进的理由。叙事能力为行动主体提供了完成故事的不同可能方式，这也赋予了他一定程度的自由意志和主体控制（Velleman 2006）。从这个意义上来说，叙事不仅只是报告或强化我们的主体感，而且在一种自身充实的（self-fulfilling）预言中，把我们自身构造为具有一定程度的自由和责任的行动主体。

我们注意到，后面这些概念在一个不包含他人的世界中是没有意义的。正如我们将在下一章所看到的那样，不论是我们行动的可能性，还是我们的自身叙事，都永远不能完全与他人的行动和叙事区分开来；此外，181
它们对于我们如何理解他人具有重要的作用。正是在此基础上我们可以用泰勒的话说：“一个人只是其他自身中的一个自身。离开了那些环围着他的其他自身，一个自身永远都无法被描述。”他补充道：“这显然不可能只是一个偶然的问题。”(Taylor 1989，35)

8.5 延伸阅读

阿伦特（Arendt 1958）提出了一种基于现象学传统的行动理论。利科（Ricoeur 1966）对决定和行动如何包含自身构造做了解释；利科（1994）从一种现象学的和叙事的视角介入了与人格同一性和自身问题有关的分析哲学与传统哲学的对话。在贝尔托和佩蒂特（Berthoz and Petit 2008）中，一个神经科学家和一个现象学家赞成对行动的一种非表征主义解释。德雷福斯（Dreyfus 2000）追随梅洛-庞蒂，也对行动和运动意向性提出了一种非表征主义的观点。

【注释】

［1］生活世界概念借由阿尔弗雷德·舒茨（Alfred Schütz）和托马斯·卢克曼（Thomas Luckmann）在其《生活世界的结构》（1973；1983）一书中的工作而被社会学所接受。这一概念也借由哈贝马斯（1987）及其在系统与生活世界之间的区分，以及生活世界之殖民化的观念而进入了批判理论。

9. 主体间性与第二人称视角

关于主体间性，我在前面几章的不同地方就已经有所涉及。我不确定 182
将这一主题放到最后是否合适。由于它已经以多种方式被隐含在之前各章的不同主题中，所以，似乎可以说，我一直在围绕某个重要的东西跳舞。现在，是时候在这一章认真跳一支探戈了，也就是说，亲自动手，直面主体间性问题。对主体间性的解释被用来为现象学方法论的各种主张提供支持——尤其是关于主体间性有效性之可能性的主张。此外，它也被用来引发在第 4 章所概述的生成的意向性概念和第 8 章中对行动和叙事的解释。然而最重要的是，现象学需要对主体间性做出解释，因为它既是现象学的一个核心论题，又是一种人类体验的现象。

9.1 先验主体间性

在第五沉思（1960）中，胡塞尔对我们如何体验他人提出了一种先验分析。这一分析声称具有普遍有效性，因为它被认为是对他人之一切可能经验的结构的一种本质洞见。

胡塞尔在他的分析中提出了一些重要主张。第一，一切主体间的同感体验都是以对我的心理物理身体与“外部事物”之间区别的一种首要的和非主体间的体验为前提的。由于主体只能把质素体验（如触觉和对冷暖的 183
感觉）归属于主体自己的身体这一事实，所以，在一个主体的体验中，一个有生命的有机体被“**独一无二地**挑选了出来”(Husserl 1960，97)。这种独一无二性也得到了另一个事实的支持，这个事实就是，主体具有“**直接**”“**主宰和支配**”自己身体的能力(Husserl 1960，97)，这赋予了主体以一种基本的“我能”感。在早期的文本中，胡塞尔就已经指出，每一种身体运动都伴随着动觉，而动觉只属于承担运动的有机体。后来，梅洛-庞蒂依照身体图式对所有这样的动觉体验进行了分析，在他看来，所有的动觉都有助于把主体的有机体与其他东西区分出来。正如我们在第 7 章看到的那样，这种能力在一些情境中，例如在橡胶手幻觉和机器人实验中是被调节的。

第二，对他人的体验建立在统觉的基础上(Husserl 1960，110)。统觉是一种体验模式，在其中，某种没有被清晰地呈现出来的东西以一种特定的方式被知觉。例如，当我从视觉上知觉到了面前桌子上的苹果时，我只看到了它的一个侧面，而且我永远也不能一下子看到它的全部。尽管如此，我还是把它体验为一个完整的苹果，而不是苹果的一个侧面。因此，我对苹果的那些没有直接看到的部分有某种体验——作为一个整体的苹果是被“共现”(appresented)的。与此相似，他人也不是被完整地呈现的，不仅他的肉体如此(我只能不完整地在任何一个示例中看到他的肉体)，而且他的内在体验亦如此(我根本不能直接地看到一个人的内在体验)。然而，当我知觉另一个人时，那个人被体验为一个拥有她自己的体验，拥有一种内在心理生活的人。我把他人知觉为一个**活生生的**有机体——不是一个只会以特定方式行为的有机体，而是一个有内在生活的有机体。他人的那种内在生活被共现了出来，以某种方式被体验到了，尽管这种方式不同于我体验自己内在生活的方式。他人不是以我自己的体验被给予我的那
184 种第一人称方式被给予我的。我的自身体验与对他人的体验是不对称的。这是我自身与他人的一个重要区别。在这个意义上，他人的不完整性正是她之**作为他人**的在场(参见 Levinas 1969)。

第三，这种对作为生命有机体的他人之统觉是建立在我对他人身体的体验和对我自己身体的体验之间的一种被动联想、一种“结对”(pairing)的基础之上的。**结对**这个概念是胡塞尔分析的一个核心概念。结对建立在一种被知觉到的我自身与他人之间相似性的基础上。然而，这种相似性并不是在一种比较活动中被揭示的某种东西，例如，我先看看我自己，然后再看看他人，继而得出结论说我们的外貌相似。这种相似性并不是对我自

身和他人进行类比得来的，我并不是通过类比推断出他人必定与我相似。它也不是基于我们身体外貌的相似性。现象学家声称这种意义上的相似性在统觉中并不起作用，因为用本体感受和行动主体的术语来说，我对我自己身体的觉知完全不同于我在视觉上从外部对他人身体的觉知。有人可能会基于近来的心理学研究成果提出反驳说，知觉是交叉模式的（cross-modal），而且视觉系统和本体感受系统是用相同的“语言”对事物进行编码的（参见 Gallagher and Meltzoff 1996），因此，有一种特定的相似性从我在视觉上看到的东西那里穿越到了我从本体感受上感受到的东西那里。有人也可能会用胡塞尔本人的动觉相似性概念，或者当代神经科学的诱发运动共鸣（elicited motor resonance）概念——当我看到另一个人的行动时，由于镜像神经元的作用，我自己的系统被激活了。[1]梅洛-庞蒂可能会再次讨论包含身体图示的过程和他所提到的**交互肉身性**（intercorporeity），他是这样描述交互肉身性的：“在我的现象的身体和那个我从外部看到的他人的身体之间，存在着一种内在的关联，这种关联促使他人显现为一个完整的系统。”（1962，352）无论如何，胡塞尔都把“结对”解释为同感的一种形式。在同感体验中，他人内在的心灵生活在任何自主的决定或解释发生之前就被自动统觉到了。

第四，胡塞尔主张，对他人的统觉在一个被和谐的或一致的行为所刻画的连续体验中得到证实，这种统觉显然是在叙事的尺度上进行的。如果 185
她的行为（或者，我们也可以说，她的叙事）过于不一致的话，那么我把他人体验为一个活生生的有机体，也即拥有一种内在生活的有机体的体验就瓦解了（Husserl 1960，114）。因此我们有理由认为，结对过程以及胡塞尔所定义的同感是可以被这样的行为中断的。

在这一分析中需要注意的一个要点是，在统觉或结对中无需推理。也就是说，我们并没有进入任何超出知觉的认知过程，好像我们试图在这一过程中去解释他人的心理状态是什么样子的。当然，胡塞尔把这看作一种先验分析，但它并不必然就是对我们如何理解他人进行解释的一种尝试。然而，正如我们在第 2 章所看到的那样，胡塞尔认为：“当我们放弃先验态度时，先验现象学的所有分析或者理论［……］都可以在自然领域中被生产出来。”（1960，§57）这一向非先验态度或者自然态度的转变就构成了现象学心理学的起点。然而，我们不必进行这种分析，而应该注意胡塞尔先验主体间性概念中的另一个重要方面。

胡塞尔认为，主体间性与意向性概念有直接的相关性。我对世界的意向性体验赋予了我以一种客观性的意义，这种意义根据主体间的可通达性而得以兑现。这个世界并不只为我一个人存在，这就谈到了一种不可否认的主体间的意义。

> 先验主体间性是绝对的和唯一自足的本体论基础，一切客观的东西（不仅包括客观实在的存在者的总体，而且包括一切客观的观念世界）都从这个本体论基础中汲取其意义和有效性。（1977，344）

世界的客观性和先验性——其他者性，也即它没有被还原成我心中的一个观念的集合这一事实——通过主体间的维度得以构成。世界不仅仅是我的世界，因为它以不能被还原为我自己对世界进行体验的那种方式而被
186 他人所体验到。世界逃避我的完整知觉，而且是某种必然超越我自己之存在的东西，因为它也向我只能通过统觉所把握的其他视角保持开放。

> 因此，在体验，首先是在知觉中，伫立在我面前的一切客观之物都有一个诸可能体验，包括我自己的体验和他人的体验的统觉的视域。从本体论上来说，每一个我拥有的显象从一开始就是同一个东西的一个无限开放但却没有被明确意识到的可能显象之总体的一部分，而且属于这个显象的主体性是开放的主体间性。（Husserl 1973，289）

萨特以从这些洞见中提出存在主义的论题而著名。他是这样总结胡塞尔的观点的：“每一个对象，远不是像康德那样通过与主体之间的一种简单的联系而被构造出来的，而是在我的各种具体的体验中显现出来的；它最初是作为与无限多样的意识相关的诸占有系统（possessing systems）而被给予的。”（1956，229）然而，对于胡塞尔来说，这是一个我们几乎注意不到的先验真理，但对于萨特来说，在对世界的体验中，它是一个奇怪的本体论转向。他认为，当我体验到他人也在观察这些相同的事物时，我与事物的关系就发生了一种根本的变化。例如，当另一个人走进我正坐在其中的公园时：

> 于是，突然，一个对象出现了，他好像从我这里偷走了世界。一切都在原地，一切都仍然为我而存在，但一种向着某个新对象的不可见的、凝固的逃逸席卷一切。因此，他人在世界中的显现对应着整个宇宙的一种［向着他人的］凝固的滑移，对应着世界的一种去中心化，这种去中心化以一种隐秘的方式对我在同一时间所进行着的中心化运动做着暗中破坏。(1956，255)

当他人注视的目光落在我身上时，他人视角的力量越来越让我感到不安。我们在下文将注意力转向社会认知问题上时，将返回他人看见我的这种能力——把我看作一个对象——的重要性。

9.2 与他人共在

海德格尔对主体间性或者他所谓的共在（*Mitsein*）提供了一种不同 187
的解释，这种解释避免了身体与身体之间看似直接的结对，或者他人可能是一种存在焦虑之原因的感觉。相反，对于海德格尔来说，他人最终会成为一种过于舒适的从众心理的来源。对于作为客观性之先验来源的主体间性而言，这只能扮演一个派生的而非原创建（initial instituting）的角色。

无疑，海德格尔把共在理解为人类存在的一个重要维度，绝大多数评论者也坚持其共在观念的核心地位（例如，Wheeler 2005，149)。共在是此在的一个存在方面，它与在世界之中存在同样原始或者说是同源的(1962，149/114；153/117)。海德格尔避免使用主体间性这个术语，因为它似乎表示一种传统的（笛卡尔式的）观念，即，有一个独立的个体 A，他面对另一个个体 B，从而产生了 A 如何能够理解 B，或者反过来 B 如何能够理解 A 的问题。海德格尔认为，这是一种完全错误的问题提法（例如，Heidegger 1988，237-238)。同样，海德格尔也不会用“社会认知”(social cognition）这个术语，因为那样似乎把问题界定成了涉及认知或认识的问题。与他对在世界之中存在的分析相一致，海德格尔主张，认知以及与认识的客观性相关的那些担忧都是派生的问题。与他人共在是更基本的、更加具有生存论性质的——也就是说，相比于通过认知概念或者认识其他心灵的观念所捕捉到的存在论含义来说，共在的存在论含义更基本。尽管海德格尔对主体间性和社会认知这样的术语持批评态度，但他的存在论分析仍然就基本的主体间性过程和派生的社会认知给了我们一些重要的启示。

说共在与在世界之中存在一样原始或者是同源的，意味着它是人类生存（此在）的生存论结构的一部分，而不是一个附加的部分；不是某种用来对此在进行补充的东西。共在并不意味着：此在首先在世界之中，然后
188 才因此而与他人共在。海德格尔提出的这一观点坚定而明确。共在作为此在原始的生存论结构实际上与世界上或许还有他人存在这一事实毫无关系。他人存在于世这个事实之所以具有意义，是因为此在是共在的，而不是相反。就算此在碰巧是单独存在的，它也依然是共在的——而且“只有作为共在，此在才可能单独存在”（1988，238），或者，才可能是孤独的。海德格尔的这个观点如此坚定，以至于好像共在本身并不依赖于他人之存在；此在“远不是因为有一个他人实际出现而成为共在的”（1988，239）。

> 这种与他人共在并不是由于几个他人的出现而产生的附加结果，不是此在之多样性的一个副现象，也不是或许基于一定数量才会出现的某种额外产物。相反，正因为作为在世界之中存在的此在本身就是一种共在，因此才有一种类似于相互存在的东西。（1988，239）①

德雷福斯在对《存在与时间》的评论（1991，149）中这样写道：“即使一切其他此在都被消灭了，共在仍将是我的此在的一个结构。”

对于海德格尔来说，此在与他人的遭遇是“经由世界”发生的（1988，239/242）。也就是说，正是通过日常实际的环境，此在才遭遇到了他人。此在在与其环境打交道的过程中直接牵涉到其他此在。例如，工匠的一件作品不仅使我们与那件作品遭遇，同时也与制作者和它之所为者②遭遇了。这是最初的、源始的与他人遭遇的本质。我们与他人的遭遇是命定的，就像我们命定了要被卷入实际的环境中那样：“这里应当注意的是，与他人最密切的遭遇方式位于［此在的］操劳被吸收入其中的那个世界的向度中”[2]（1988，241）。他人早已被卷入了日常生活的实际事务

① 本书原文中标注的出版年是1985，疑属笔误，已与作者核实，应是1988。——译者注

② 例如，占有者、使用者等。——译者注

中，从这个意义上来说，我们所遭遇的他人总已经在世界之中了。而我们，像他们一样，好像也已经以同样的方式被卷入了事物之中。因此，此在“首先且通常从自己的世界”（1962，156/120）来领会自己和他人。

此在在世界之中以及世界是与他人共享的这一事实，有助于回答此在 189
是“谁”这个问题。正如我们在第 7 章看到的那样，海德格尔把答案从“我”、自身、心灵和灵魂这些传统的方案那里移开了。“日常此在之‘谁’恰恰不是‘我自己’”（1962，150/151）。毋宁说，海德格尔认为“他们”（常人）构成了此在身份的一个重要部分。也就是说，此在被社会的维度所占据，被他人所支配，以至于迷失在了社会的非本真性中，从而把自己理解为和任何一个他人一样的存在者。

与此在朝向“切近的操劳”（proximal concern）的世界之上手的“寻视”（circumspective）姿态相对照，“此在朝向他人的姿态是‘操持’（solicitude）的姿态”（1962，155/119，157/122）。海德格尔解释了他所谓的“有所欠缺的操持模式”（deficient modes of solicitude），包括我们在日常往来中无所留心地彼此擦肩而过的种种方式。操持也有两种积极的、非漠不关心的表现形式。在海德格尔独特的术语中叫作“代庖”（*einspringen*）和“表率”（*vorausspringen*）（158－159/122）。当我们代庖的时候，我们替他人去操心他或她应该操心的事情。即使这是心照不宣的，而且他人也没有充分意识到究竟发生了什么，这依然是一种导致依赖的支配行动。这就好比萨特后来所谓的在我们与他人关系中的“自欺”。海德格尔说，“这种操持本质上涉及本真的操心，也就是说，涉及他人的生存，而不是涉及他人所操劳的‘**什么**’。这种操持有助于他人**在**他的操心**中**把自身看透并使他自己**为操心而自由**”（158/122；参见 344/297－298）。

海德格尔告诉我们，我们日常的互动发生在主动操持的两极之间。他进而指出，代庖经常发生在那些“被同样的事务所牵绊”的人之间，他们的关系“建立在不信任的基础上”。相反，当他们（我们自己和他人）实施一个共同的计划时，他们就会“**本真地**捆绑在一起”，这就创造出了那种正确的可能性，从而“把他人的自由为他本身解放出来”（1962，159/122）。无论如何，无论是代庖还是为他人做出表率，我们已经与他人纠缠在了一起，因为我们总已经实际地被卷入世界之中了（160/123）。

海德格尔并不认为，我们首先是以一种理智的方式去理解他人的，或 190
者，我们与他人的关系主要是认知性的。因为此在的存在是共在，“所以，在此在的存在理解中已经有对他人的理解，这种理解，像一般的理解一样，不是一种由认识而来的知识，而是一种源始的生存论的存在方式，唯有这种源始的生存论的存在方式首先使认识与知识成为可能”（160/123）。

先验分析的展开方式对于人们如何思考经验分析具有重要意义。如果我们把胡塞尔和海德格尔对于我们与他人关系的分析做一个对比的话，那么这一点就显而易见了。尽管两人都赋予了主体间性或共在以一种明确的先验的优先性，但是对于胡塞尔来说，他人是把这个世界体验为实在的和客观的（世界的）一个必要的先决条件，但海德格尔并不这么认为。就算世界上没有他人，此在依然是共在的，依然在世界之中存在。至于这一观点如何在对我们日常遭遇的分析中体现出来，海德格尔认为，此在只有在一个它已经实际牵涉其中的世界中才能遭遇他人；而在胡塞尔看来，就对世界的安顿（ordering）而言，主体间性明显优先于任何被认为实际的东西，也优先于对对象的知觉。海德格尔可能会同意第二条，即主体间性优先于对对象的知觉，他的分析表明，我们只有在一个已经由我们的实际牵涉所搭建的舞台上才能遭遇他人；尽管海德格尔坚持共在与在世之在具有同样原始的特征，但在我们遭遇他人之前，与世界的实际的交道（coping with）似乎已经展开了（Gallagher and Jacobson，2012）。这促使伽达默尔认为：“共在，对于海德格尔来说，是一个他不得不做出的妥协，但却是一个他从来都未曾真正支持过的妥协——［它］实际上是一个非常弱的他人观念……”[3]（2004，23）

为了赋予主体间性以优先地位，胡塞尔最终诉诸对他人的一种原初体验的观点。这一观点意在解决一个被扎哈维最为清晰地概括的问题：“在通常情况下，我仍然把那个我偶然地单独体验到的东西（例如这台我正在
191 用来写作的电脑）体验为超越的、客观的和实在的东西，尽管我没有同时把这个对象也体验为一个被他人所体验的对象”（2003，116）。胡塞尔承认这一点，甚至认为，就算世界上所有的人都被消灭了（借用德雷福斯的话），孤独的体验主体依然会体验到一个客观的世界。这似乎使他站在了一个和海德格尔相似的立场上，后者认为此在之共在并不依赖于世上有他人存在（这个事实）。然而胡塞尔坚持认为，这种情况只有在可能是一种原创建的遭遇之后才有可能。“如果人们把我们对他人最原初的体验——这种体验会彻底使得客观性、实在性和超越性的构造成为可能，因此**永久地**转换了我们的体验范畴——和我们对他人的一切后续体验区分开来的

话”，那么这一问题就得到了解决（Zahavi 2003，116）。显然，即使我无法获得对他人的那些后续体验，我也依然可以通过对他人的一种原创建或原初体验（primal experience）而把这个世界体验为一个超越的和客观的世界。

就我们与他人的实际遭遇而言，这些先验的思想实验究竟能够告诉我们多少东西？我把这个问题换个方向。一种对我们与他人之日常遭遇的考察——包括现象学的和经验的分析——对这样的先验思考能有任何帮助吗？它们能有助于裁定胡塞尔和海德格尔在这些问题上的差异吗，或者至少有助于澄清这些差异究竟是什么吗？依照一些解释，近来的社会认知研究或许可以做到这一点。

9.3 社会认知的标准观点

在心灵哲学、心理学和认知科学的学科中，关于社会认知问题，有两条标准和主流的研究进路：“理论论”（theory theory，TT）和“模仿论”（simulation theory，ST）。确实，大量关于社会认知的文献都围绕这两种理论之间的争论展开。它们都归到了心灵理论（theory of mind，ToM）的名目之下，心灵理论专注于解释我们“读心”（mindread）的能力，即
将心理状态归属于他人的能力。根据 ToM 理论，对诸如信念和欲求等心 192
理状态的归属使我们能够解释和预测他人的行动。TT 声称，我们是基于我们的大众心理学知识，也即关于人们通常如何依照其信念和欲求做出行为的常识理论，通过对心理状态的推理来理解他人的（参见 Carruthers 2009）。与之相反，ST 声称我们没必要诉诸大众心理学，因为我们有一个模型，即我们自己的心灵，我们可以用这个模型去模仿他人的心理状态。我们把自己置于他人的情境中，然后基于我们在那种情境中的信念和欲求来构想他人在那种情境中必定会有怎样的信念和欲求，然后我们把那些信念和欲求投射到他人身上（参见 Goldman 2006）。阿尔文·戈德曼对模仿过程的描述如下。

> 第一，归属者在她自身中创造出一些意图来与［被观察的］目标状态相匹配的虚拟状态（pretend states）。换言之，归属者试图把她自己放入目标的“心灵鞋子”中。第二，把这些最

> 初的虚拟状态［例如信念］输入归属者自己的心理学的某些机制中……然后让那些机制对虚拟状态起作用，以使它产生一种或更多新的状态［例如决定］。第三，归属者把输出状态分配给目标……［例如我们通过推理把决定归属于他人的心灵，或者把决定投射给他人的心灵］。(Goldman 2005，80-81)

模仿常常被看作同感的一种形式，或者是解释同感的一种方式（Gallese 2003；Goldman 2006；Steuber 2006）。在这种关联下，ST 从神经科学对镜像神经元的研究中获得了一种支持。鉴于对他人行动的观察激活了我自己的运动系统，神经科学研究指出，这种镜像共鸣是同感或模仿的一种形式。据此，模仿论者区分了建立在亚人格神经模仿基础上的低阶的、自动的同感过程和需要有意识的或习惯性的模仿或同感的高阶的、更明晰的同感过程（Goldman 2006；Steuber 2006）。

无论对于 TT 还是 ST 而言，问题在于，我们不可能直接通达他人的心灵。我们主要是行为的观察者。当我们无论使用理论推理还是模仿试图
193 去理解他人的行动时，我们都是通过阅读他人心理过程去理解的，而且对这两种理论来说，这都是我们解释他人已做之事或预测他人将做之事的首要的和普遍的方式。[4]

正如社会认知问题在这些进路中被定义的那样，海德格尔说，“当人们思考如何理解‘他人之心理生活’的理论问题时，它（社会认知）就是最切近地进入视野的现象”（1962，161/124）。从现象学的角度看，这种提出问题的方式是错误的。当我遭遇他人时，我所遭遇的不是作为其他心灵和作为需要加以解释的理论难题的他人；我是在具身互动中遭遇他人的，他人是与我一起参与有意义活动的行动主体。他人行为的意义和我对这些行为的理解，直接与我和这些行为的具身互动关联在一起，与我在其中遭遇它们的工具性或社会性情境关联在一起。在正常的、无问题的情况下，不存在任何我需要对之理论化的更加神秘的、额外的（extra）、隐秘的东西。我也不需要一个模仿的过程桥接我自己和他人。

9.4　社会认知的现象学进路

近来，社会认知问题的现象学进路[5]已经挑战了这些更确定的、更标

准的 ToM 解释。现象学进路既包含对多种版本的 TT 和 ST 理论的批判，还包含对社会认知的一种肯定的双重解释。这一双重解释不仅借鉴了现象学，也借鉴了发展科学、社会神经科学和叙事理论，它包含以下两个方面的内容。

（a）对主体间性基本形式的解释：它强调了在实际的和社会的环境中具身的面对面互动——这种理论有时也被称作互动理论（interaction theory，IT）；

（b）对交往实践和叙事实践的解释：这些实践建立在主体间性的基本形式之上，但也对这些基本形式进行调整，它们能够解释我们进行社会认知的更细微的、成熟的能力。

现象学进路对四个基本假设构成了挑战，这四个基本假设展示了社会 194
认知的最标准的 ToM 解释。

（1）**隐藏的心灵**：社会认知问题的提出是由于我们缺乏通达他人心理状态的通道。因为我们不能直接知觉他人的信念、欲求、感受或意向，所以我们需要一些超知觉的认知（读心）过程（推理或模仿）来理解他们的心理状态。

（2）**作为默认的读心**：这些读心的过程构成了我们理解他人的首要的、普遍的或默认的方式。

（3）**观察性的立场**：我们日常对他人的立场是第三人称的、观察性的。我们观察他们的行为，或是为了解释和预测他们的行动，或是为了理论化或模拟他们的心理状态。

（4）**方法论的个人主义**：理解他人首先取决于一个个体主体的认知能力或机制，或者取决于那些在个体大脑内部发生的过程。

反驳（1），现象学进路认为，他人的情感和意向通常并且经常表现在他们的具身的和情境化的行为中，包括他们的发声、手势、面部表情、眼神以及表现出的姿势。例如，我们可以从一个人的面部表情中看出他的悲伤或愤怒，或者从其姿势和动作中看出他意图做什么事情。意向并不是隐秘的心理状态，而是以这样一种方式在他人的行动中具身的，因此我们才能看到他们所意向的东西——我们可以知觉到他们的运动意向和行动中的意向。同样，情感也不是纯粹的心理状态；从本质上来说，它们是具身的，而且可以通过知觉的方式被显现出来。意向、情感和行动的意义并不是抽象地具身的，而总是被情境化的。通常，我们在其中看到他人并与他人互动的情境清楚地表明为什么他们是悲伤的或愤怒的，他们打算做什么，或者他们的行动究竟意味着什么。

195 **反驳（2）**，在大多数日常遭遇中，我们对他人的理解并不需要超越那些我们可以在这样的行为和表情中知觉到的东西。也就是说，通常情况下并不需要读心，尽管它没有被排除，例如，在极少数令人迷惑不解的情境中。

反驳（3），从现象学的视角来看，我们不是通过采取一种观察的立场，也不是试图根据其心理状态对其行为做出解释的方式来理解他人的，而是在我们与之工作、与之嬉戏或与之互动交流的共享情境中理解他人的。

反驳（4），社会理解不能被还原为位于个体心灵或大脑中的机制（ToM 机制，镜像神经元，等等）。毋宁说，它们最终是在由多人共同完成的互动过程中实现的。

显然，互动（而非观察）在 IT 中起了核心作用。下面是一个正式的定义。

> 互动：至少在两个自主的行动主体之间发生的相互参与、共同规制的结对活动（coupling），在其中，共同规制和结对活动相互影响，在关系动力学的区域内构成了一个独立的组织结构。（参见 De Jaegher et al. 2010）

这个定义包含一个强的论断，即互动在一些情况下（但并不是在所有情况下）构成了主体间的理解，而且并不仅仅从因果上造成了主体间的理解。如果在这些情况下的互动形成了所谓的社会认知，那么它就不只是一个因果元素。支持这一强论断的证据可以在许多不同学科中找到。

9.4.1 发展研究

IT 诉诸来自发展研究的证据，它始于原初的主体间性（primary intersubjectivity）和次级的主体间性（secondary intersubjectivity）（Trevarthen 1979；Trevarthen and Hubley 1978）。原初的主体间性由先天的或早期发展的感觉运动能力组成，这些能力把我们带入了与他人的关系中，并使我们能够与他人产生互动。这些能力体现在行动和以行动为导向的知

觉体验层面上——我们在他人的身体活动、手势、面部表情、视线、语调 196
等之中**看见**，或者更一般地说**知觉**到他们所意向的东西、感受的东西，并通过我们自己的身体活动、手势、面部表情、目光等对之做出回应。就此而言，知觉是对行动的知觉或行动中的知觉，而不是间接的（off-line）观察。婴儿从出生伊始就被拽入了这些互动过程中。这可以在新生儿非常早期的行为中看到。婴儿从出生开始就能够知觉和模仿另一个人的面部表情（Meltzoff and Moore 1977；1994）。重要的是，这种模仿并不是一个自动的或机械的程序；例如，茨布拉和盖尔盖伊（Csibra and Gergely 2009）就已表明，当他人照看婴儿时，婴儿更可能去模仿。

随着婴儿的成长，原初的主体间性能够得到更详细的说明。例如，在两个月大的时候，婴儿能够以一种把他人的意向突显出来的方式追随他人的目光，看到他人正在朝某个方向看，感觉到他人所看到的东西（有时就是婴儿自己）（Baron-Cohen 1995；Maurer and Barrera 1981）。此外，第二人称的互动也通过婴儿行为的时间测定（timing）和情感反应得到了证明。婴儿以一种看似［带着情感并且从时间上］“被调准”（tuned to）到他人的发声和手势的方式发出声音，做出手势（Gopnik and Meltzoff 1997，131）。通过双向视频监控实验——让母亲和婴儿通过电视直播的方式进行互动——默里（Murray）和特热沃森（Trevarthen）已经表明了母亲与她两个月大的婴儿进行现场（并且是热烈的）互动的重要性。然而，当给婴儿展示的是事先录制好的母亲以前活动的视频时，互动失败了；婴儿很快就停止了互动，注意力开始转移，并且变得有些烦躁。

在5—7个月大的时候，婴儿能够识别出具体展示情感表达的那些视觉信息和听觉信息之间的对应关系（Walker 1982；Hobson 1993，2002）。在6个月的时候，婴儿开始把抓取知觉为一种有目标指向的行动，而在10—11个月大的时候，婴儿能够根据意向的范围去理解一些连续的行动（Baldwin and Baird 2001；Baird and Baldwin 2001；Woodward and Sommerville 2000）。他们开始把头、嘴、手的不同动作以及更一般的身体动 197
作知觉为有意义的、有目标指向的动作（Senju，Johnson and Csibra 2006）。所有这些加起来，到1岁时，婴儿就对他人的情感和意向有了一种非心理化的、基于知觉的、具身的、实际的理解。

次级的主体间性始于联合注意力（joint attention）的出现（甚至可能是在9个月之前）。与另一个人一起关注世界中的对象，并且看到它们是如何被对待和使用的，这种体验不仅给婴儿提供了关于世界的信息，同时也具体地把握到了他人的态度和行动。因此，甚至在1岁之前，婴儿就开始利用实际的和社会的环境（周边环境和定义社会环境的各种规范性的实践）进入了一个双重过程。（1）他们（用社会的指称）来指称他人，并且进入联合行动，在这些行动中，他们通过使用对象和看到他人使用对象从而知道了对象是如何被使用的，而且，他们开始在一个“参与性的意义建构”过程中通过与他人的这些互动共同构造世界的意义（De Jaegher and Di Paolo 2007）；（2）他们依靠这些互动来构造他人在特定情境中的行为的意义。因此，他们通过把行动置于由实际的任务和文化实践所共同规定的情境中从而获得对他人的一种更细微的理解。

次级的主体间性和参与性的意义建构的某些方面已经在各种实验中得到了考察。例如，茨布拉和盖尔盖伊（2009）证实，婴儿对他人明确展示的那些信号（手势、眼神、话语）非常敏感，而且产生了指称性的期待，也就是说，在这些情境中（通过展示和交流）所传达的信息是相关类型的（kind-relevant），而且是可被一般化的。仅仅8个月大的时候，当婴儿追随他人的眼神时，他们就期望看到一个所指的对象；在13个月大的时候，当位于障碍物后面的某个东西被幼儿正在追随其目光的那个人提到时，幼儿会期望看到障碍物后面的那个东西（Moll and Tomasello 2004）。当14个月大的幼儿看见一个人对某个对象的情感表现时，他们认为这种情感表
198 现所指示的是有关事物的效用，而非人的主观态度的某种东西，而且他们把这种情感表现一般化，并用它们来表示，他人也会发现对象具有相同的效用（Csibra and Gergely 2009）。

然而，只有当他人以一种明示的方式——也就是说，首先对着孩子说话，或者看着他们——与孩子互动时，这些预期和解释才是明显的。茨布拉和盖尔盖伊把这种方法叫作“自然教学法”，显然，这是一个参与意义建构的好例子，在这个例子中，对象通过主体间的互动呈现出了一个特定的意义。

对18个月大的幼儿的实验表明，他们能够理解另一个玩着玩具但未能完成一些任务（例如试图把玩具的两个部分分开，但却失败了）的人的行动的意向。如果有机会，幼儿会继续完成那些被意向的行动（Meltzoff 1995）。在这种情况下，幼儿更关注对他人想要做什么的理解。在这种情况下所展现的“理解”显然依赖于实际的环境和他人的身体行动。

正如拉克兹等人（Rakoczy et al. 2009，445）所表明的那样，大约从1岁开始，幼儿所学习的行动就“不仅仅是个体的特质行为了，而且是文化的、习俗的行动形式。许多这样的行动形式是受规则支配的，是规范性地被建构的……”。他们的实验表明，按照由实验随机设定的规则，在幼儿2—3岁的时候，他们就接受了关于如何玩一个特定游戏的严格规范。当一个木偶以“错误的”方式玩这个游戏时，孩子们表示反对和强烈抗议，他们认为，木偶的行动没有遵守社会规范。

9.4.2 行为的证据与现象学的证据

在1岁或2岁以后，不论是原初的主体间性，还是次级的主体间性都没有消失。这些都不是我们遗留的阶段。毋宁说，IT通过援引行为的证据和现象学的证据表明，原初的和次级的主体间性之具身的和实际的过程继续在成年人的社会交往中起作用，而且继续刻画我们作为成年人的日常遭遇特征。也就是说，我们继续以强互动的方式（in strong interactional terms）理解他人，这种强互动通过我们对处于实际社会环境中的面部表 199
情、手势、姿势和行动之意义的辨识而得到了强化。

科学实验证实了这一点。例如，点光源实验（point-light experiments）（行动者在他们身体的关节处佩戴上点光源，在黑暗中呈现出关于他们的情感和行动姿势的抽象物理图形）表明，不仅儿童（尽管不是患有自闭症的儿童），而且成年人，甚至也可以从提供了最少信息的运动中知觉到情感（Hobson and Lee 1999；Dittrich et al. 1996）。对日常情境中的面部表情、手势和行动的详细分析表明，作为成年人，我们仍然依赖具身的互动能力来理解他人的意向和行动，从而去完成互动任务（Lindblom 2007；Lindblom and Ziemke 2007）。

因此，意义和情感的重要性是在互动中，而不是在一个或另一个人的大脑的私人领地中被共同构造的。对共享活动、工作情境、交际实践等情况下的社会互动的分析表明，行动主体在多数情况下都是无意识地协调其运动、手势和言语行动的（Issartel et al. 2007；Kendon 1990；Lindblom 2007）。在次级的主体间性之情境化的实践中，时间测定（timing）和情感协调依然像我们协调我们的知觉-行动序列一样重要；例如，我们的运动就与运动和说者说话的速度、指向以及语调的变化结合在一起。

胡塞尔的**结对**理论在发展的证据和连续的成人行为中找到了一些支

持。从出生开始，我们的行动就在一个直接与他人的行动和手势相协调的系统中被相同的、交叉模式的感觉运动“语言”所编码了（Meltzoff and Moore 1994；Gallagher and Meltzoff 1996）。正如梅洛-庞蒂的交互肉体性（intercorporeity）观念所表明的那样，在这种互动中，有一种分布于互动主体身上的身体的（或运动的）意向性，这种意向性在不存在实际互动的情况下是不可能被实现的。一个人行动的意义，也即意向性，就**在互动中**。也就是说，在互动的情况下，一个人的意向并不仅仅是在一个个体的
200 身体中作为孤立的主观过程的结果被形成的，而且是以一种动态的方式依赖于他人的诱导和回应。交互肉体性包含身体图式的相互影响，对他人行动的交互的、动态的和生成的回应，这种回应把他人的行动看作进一步行动和互动的一种可供性。

9.4.3 动力系统建模的证据

正如在第 3 章所表明的那样，动力系统建模和计算机模拟的使用可以为现象学方法提供有益的技术补充。理论家们已经用这些进路去研究最低限度的社会行为了。例如，饭冢和迪·保罗（Iizuka and Di Paolo 2007）把他们的模型建立在（上文所讨论过的）默里和特热沃森的双向视频偶然性研究上，他们用一种进化的机器人进路来表明，对社会偶然性的探究产生于互动过程本身的动力学。在他们的模仿模型中，进化的行动主体成功获得了区分“直播的”（互动的）和“录制的”（单向的、非互动的）关系的能力。动力系统分析证明，这种能力不能被还原为孤立的个体行动者，但是，互动过程本身的动力学在使这种行为成为可能的过程中扮演了一个核心的角色。当行动主体试图与一个无回应的“搭档”（这个人的运动仅仅是从一个以前非常成功地与之邂逅的录像中回放而来的）进行互动时，互动无法实现。个体行动者并**不是**通过利用内在的计算机制，例如“社会偶然性的探测模块”，去实现他们的行动效果。相反，其行动的成功完成根本上取决于他们在与他人的相互联结（coupling with）中所包含的动态属性。给予和索取、来回往复的相互过程成就了各方的行动。

根据这种观点，社会互动最好能从一个生成的视角去解释。也就是说，作为具身的行动主体，我们并不是被动地接受来自我们周围环境的信息，然后创造对世界的内在表征；相反，我们主动地参与到意义的生成中去，这是行动主体与环境之间进行实际和动态交换（interchange）的结果

(Varela et al. 1991)。在主体间的情境中，互动包含那些超越了任何一个个体带入互动中的东西的过程（De Jaegher et al. 2010）。的确，就像跳探戈一样，互动不能被还原为一套被包含在个体当中的机制；它需要至少两个以正确的方式进行动态联合的个体。 201

9.5 社会认知中的叙事尺度

现象学对于社会认知的解释需要这些不同种类的证据来支撑在原初的和次级的主体间语境中的强互动概念。然而，要想获得社会认知的完整认识，我们需要为这些不同的互动过程加上**交往的和叙事的（C&N）能力**，这些能力是后来发展起来的，它们也产生了我们在成年期发现的社会认知的更微妙、更复杂的方面。这里也有一个发展的故事要讲，因为"学语前的"（pre-verbal）婴儿已经参与到了有意义的交往实践中，这些实践包括眼睛注视、面部表情、情感反应、手势、指向和言语交流（例如，母亲的话）。正如梅洛-庞蒂（1987）所指出的那样，婴儿天生就处在一个"语言旋风"（whirlwind of language）之中，因为在我们开始与婴儿说话之前，我们从来都不会等待婴儿去"获得"这种能力。此外，几乎在所有文化中，照料者甚至在婴儿能够理解故事之前就开始给他们讲故事（例如，童谣、歌曲、儿童故事）。当儿童开始用言语表达时，照料者会通过问一些引导性的问题，例如，"我们昨天在动物园做了什么?"来引导他们进行自我叙事（这里面已经包含了他人）。

儿童也会以角色扮演的形式参与叙事实践。"儿童的第一个叙事成果是在行动中产生的，是伴随着语言而非单单通过语言在与同龄孩子一起玩的象征性游戏的情节中产生的。游戏是叙事的一个重要发展来源。"（Nelson 2003，28）这很重要地表明，我们的C&N能力产生于我们的互动中。 202
因此，随着C&N实践的发展，它们推进了原初的和次级的主体间性的能力，而且使它们服务于更复杂的社会环境（参见Gallagher and Hutto 2008；Hutto 2008）。然而，这些实践不仅透露了理解、解释我们自己的行动和他人行动的反思能力，而且也反过头来含蓄地透露了我们理解他人及其处境的更原初的和前反思的方式。

现象学的解释认为，大多数在我们与他人的日常社会认知遭遇中发生的事情，都能够依照原初的和次级的主体间互动以及我们的交往和叙事能力得到解释。在大多数情况下，我们并不试图解读他人的心灵；我们并不关心他人的心理状态，尽管这样的关心可能会被相对不寻常的行为，或者被试图反思性地解释或证立行动的尝试所引发。然而，即使在回答关于为什么某人正在做某事这样的问题（与“发生了**什么**”这样的问题相反）时，依照行动和处境所做的叙事解释往往是充分的。即使当心理状态的概念进入故事中，故事通常所采取的也是大众心理学的叙事形式，而不是大众心理学的理论形式（参见 Hutto 2008）。

9.6 再论先验主体间性

梅洛-庞蒂承认一种强的主体间的体验塑造，他沿用了胡塞尔的说法，将其称作“先验主体间性”。他的观点是，与我们的具身的情感体验紧密联系在一起的主体间的过程塑造了我们知觉世界的方式，而不只是我们对于他人的知觉。依照 IT，这其中的部分含义可以在“参与性的意义建构”的概念中捕获。我们通过与他人互动、与他人一起行动来了解这个世界，学习如何与事物打交道。我们正是从这样的互动中学习什么是重要的、什
203 么是相关的、什么是可接受的，等等。互动本身就是由这样的意义构成的。参与性的意义建构可以被看作自然化的、与某种像是胡塞尔对世界的意义和客观性的先验主体间构造相等同的东西吗？先验主体间性是否可以被自然化是一个有争议的问题。然而，就这一点而言，我们也许可以再次从梅洛-庞蒂那里获得指引。

> 现在，如果先验的是主体间性，那么，先验的和经验的之间的界限如何能够变得模糊呢？我的一切实际性都被重新整合到了主体性之中……因此，先验的下降到了历史中。（Merleau-Ponty 1967，107）

就此而言，我们可以认为，在我们所指向的胡塞尔与海德格尔的先验对比中，实际性（facticity）位于胡塞尔一边。最简单地说，在海德格尔的解释中，没有原初的主体间性的位置。他的起点是次级的主体间性。只有依照我们与一些实际的筹划的牵涉，我们才遭遇到了他人。与他人面对面的、具身的和情感的交涉活动（engagement）似乎在海德格尔的**共在**中

消失了。与他人共在不是以把我们所有人拉入特定的非本真性形式的那些方式和那些被牵涉进与其相关的筹划中的他人**在一起**（with）。这种分析的重要性是无可置疑的，但是如果它遗漏了对原初的主体间性的解释的话，那么它可能很容易就错失了某些可能性（甚至可能是我们和他人的本真关系的可能性）。

在胡塞尔这边，原初的主体间性概念可能会提供一个比他本人用来解决客观性之先验构造问题更好的方案。他诉诸一种创建性的原始的遭遇，正如扎哈维所说的那样，这种遭遇“**彻底**使客观性、实在性和超越性成为可能”（Zahavi 2003，116；强调为原文所加），即使由于某些原因，所有与他人更进一步的体验都被排除了。当然更好的故事在于，我们创建的遭遇还在继续，而且在原初的和次级的主体间性中得到了最充分的解释，其中，实存者与事件的客观性正在被不断地创建和再创建。参与性的意义建 204
构是与他人连续互动的结果，并且，被算作实在的东西不完全是在历史（正如梅洛-庞蒂所指出的那样）或文化的影响之外被决定的。世界的意义与世界中的实存者和事件的客观性并不是一劳永逸地被确立的，或者被永恒地担保的。知觉幻象、病理的幻觉和妄想都证明，我们和有可能失去对世界的这种客观而有意义的把握。

无论人们如何考虑这些问题，征募了发展心理学、行为和模仿科学以及其他科学的现象学的主体间性进路当然至少可以捕捉到先验之物的经验的影子。

9.7 延伸阅读

胡塞尔（1950）对主体间性之先验分析中常常被引证的部分（*locus classicus*）引入了结对和统觉的概念。施泰因博克（Steinbock 1950）关注胡塞尔后期关于主体间性和发生现象学的手稿。施泰因（Stein 1964）提供了一种对同感的现象学解释，同感指的是通过想象把我移置到他人的位置。古尔维奇（Gurwitsch 1979）根据我们与他人的实际关系扩展了海德格尔对共在的分析。舒茨（Schütz 1967）提出了一种对社会行动的现象学解释。梅洛-庞蒂（1964）发表了一组关于发展和主体间性的具身进路的讲座。舍勒（Scheler 1954）解释了同情、共感（fellow-feeling）、爱与其他情感的概念。勒维纳斯（Levinas 1969）提出了一种对现象学解释的批判，其指向的是面对面关系的不可还原的伦理性质。扎哈维（1999）为一种现象学的他异性解释做了辩护。

【注释】

［1］镜像神经元是这样一种神经元，它们在下面两种情况下会被激活：（1）当我实施一个意向行动时，例如拿点儿喝的东西；（2）当我看见你实施这一行动时。关于胡塞尔的现象学如何与镜像神经元的神经科学关联在一起，扎哈维给出了很好的分析，参见 Zahavi（2012b）。

［2］海德格尔进一步强调，这种特殊的在世界之中存在的方式共同决定了一切其他的此在方式："由于这种共同的在世界之中存在，世界总已经是我与他人共同分有的世界。此在的世界是一个**共同世界**（*Mitwelt*）。'在之中'就是与他人**共同存在**。他人的在世界之内的自在存在就是**共同此在**（*Mitdasein*）。"（1962，155，118）

［3］这是一个有争议的论断，但伽达默尔不是唯一对此持批评态度的人。例如，海德格尔的学生卡尔·洛维特（1928）在《存在与时间》发表一年以后指出，海德格尔在其解释中忽视了直接的人际联系的作用。宾斯万格（Binswanger 1962）进行了类似的批评，并且宣称，此在是共在的观念给海德格尔留下了"一堆悬而未决的问题"（1962，6）。海德格尔（1989，236-242）的回应是，宾斯万格的工作是一种存在者层次上的、心理学的解释，而海德格尔所关心的是一种存在论的分析。这促使另一位海德格尔学者奥托·泊格勒（Otto Pöggeler）评论道："当然，无疑，海德格尔对社会存在的研究是令人对其著作最不满的质疑之一。即使有人认为，海德格尔从来都没有具体地解决这一问题，而且他只不过是本着研究'基础存在论'的意图处理这一问题的，我们也必须这么说。"（1989，251）

［4］"读心"、"心理化"、"解释"和"预测"是 TT 与 ST 文献中的专门术语，但"理解"不是。获得使用大众心理学的能力，或者运用明确的或习惯的模仿路线的能力通常被认为在儿童大约 4 岁时出现。在此之前，儿童被认为缺少一种充分的心灵理论，但或许具有一些能够使他们理解行动或意向的前导能力（参见，例如，Baron-Cohen 1995）。

［5］我所指的复数的现象学进路包括那些不仅从现象学哲学中汲取资源，而且从生成的知觉理论、社会互动的发展研究和/或叙事理论中汲取资源的进路。有很多作者采取了这样的进路来研究社会认知，但是他们各有侧重。他们对 ToM 理论的批判是基本一致的，但就其肯定的解释方面并不完全一致。参见，例如，De Jaegher，Di Paulo and Gallagher（2010）；Fuchs and De Jaegher（2009）；Gallagher（2001；2004；2005；2007b；2008b）；Gallagher and Hutto（2008）；Gallagher and Zahavi（2008）；Hobson（1993）；Hutto（2008）；Ratcliffe（2007）；Reddy（2008）；Trevarthen（1979）。

参考文献

Adams, F. and Aizawa, K. (2009). Why the mind is still in the 212
head. In P. Robbins and M. Aydede (eds), *The Cambridge Handbook for Situated Cognition* (78–95). NY: Cambridge University Press.

Adams, F. and Aizawa, K. (2008). *The Bounds of Cognition*. Malden, MA: Blackwell.

Arendt, H. (1958). *The Human Condition*. Chicago: University of Chicago Press.

Babinski, J. (1899). De l'asynergie cérébelleuse. *Revue de Neurologie* 7, 806–816.

Baird, J. A. and Baldwin, D. A. (2001). Making sense of human behavior: action parsing and intentional inference. In B. F. Malle, L. J. Moses, and D. A. Baldwin (eds), *Intentions and Intentionality: Foundations of Social Cognition* (193–206). Cambridge, MA: MIT Press.

Baldwin, D. A. and Baird, J. A. (2001). Discerning intentions in dynamic human action. *Trends in Cognitive Science* 5 (4), 171–178.

Baron-Cohen, S. (1995). *Mindblindness: An Essay on Autism and Theory of Mind*. Cambridge, MA: MIT Press.

Bedwell, J., Gallagher, S., Whitten, S. and Fiore, S. (2011).

Linguistic correlates of self in deceptive oral autobiographical narratives. *Consciousness and Cognition* 20，547–555.

Beer，R. D.（1997）. The dynamics of adaptive behavior：a research program. *Robotics and Autonomous Systems* 20（2–4），257–289.

Bergson，H.（1999）. *Duration and Simultaneity*，R. Durie（ed.），Manchester：Clinamen Press.

Bermúdez，J. L.（1998）. *The Paradox of Self-Consciousness*. Cambridge，MA：MIT Press.

Bernet，R.，Kern，I. and Marbach，E.（1993）. *An Introduction to Husserlian Phenomenology*. Evanston，IL：Northwestern University Press.

Berthoz，A.（2000）. *The Brain's Sense of Movement*. Cambridge，MA：Harvard University Press.

Berthoz，A. and Petit，J-L.（2008）. *The Physiology and Phenomenology of Action*. Oxford：Oxford University Press.

213 Bhalla，M. and Proffitt，D. R.（1999）. Visual-motor recalibration in geographical slant perception. *J of Experimental Psychology：Human Perception and Performance* 25，1076–1096.

Billon，A.（2011）. Does consciousness entail subjectivity? The puzzle of thought insertion. *Philosophical Psychology* doi：10.1080/09515089.2011.625117.

Binswanger，L.（1962）. *Grundformen und Erkenntnis menschlichen Daseins*. Ernst Reinhardt Verlag.

Blanke，O. and Arzy，S.（2005）. The out-of-body experience：disturbed self-processing at the temporo-parietal junction. *Neuroscientist* 11（1），16–24.

Blanke，O.，Ortiguef，S.，Landist，T. and Margitta Seeck，M.（2002）. Stimulating illusory own-body perceptions. *Nature* 419，269–270.

Boden，M. A.（ed.）（1996）. *The Philosophy of Artificial Life*. NY：Oxford University Press.

Bortolotti，L. and Broome，M.（2009）. A role for ownership and authorship in the analysis of thought insertion. *Phenomenology and the*

Cognitive Sciences 8 (2), 205-224.

Botvinick, M. and Cohen, J. (1998). Rubber hands 'feel' touch that eyes see. *Nature* 391, 756.

Bourgine, P. and Varela, F. J. (1992). Introduction: towards a practice of autonomous systems. In F. J. Varela and P. Bourgine (eds), *Towards a Practice of Autonomous Systems: Proc. of the 1st Euro. Conf. on Artificial Life* (1-3). Cambridge, MA: The MIT Press.

Brandom, R. B. (2008). *Between Saying and Doing: Towards an Analytic Pragmatism*. Oxford: Oxford University Press.

Brandom, R. B. (2000). *Articulating Reasons: An Introduction to Inferentialism*. Cambridge, MA: Harvard University Press.

Brandom, R. B. (1994). Making It Explicit: Reasoning, Representing, and Discursive Commitment. Cambridge, MA: Harvard University Press.

Bratman, M. E. (1987). *Intention, Plans, and Practical Reason*. Cambridge, MA: Cambridge University Press.

Bregman, A. S. and Rudnicky, A. I. (1975). Auditory segregation: stream or streams? *Journal of Experimental Psychology: Human Perception and Performance* 1, 263-267.

Brentano, F. (1995). *Psychology from an Empirical Standpoint*. Trans. A. C. Rancurello, D. B. Terrell and L. L. McAlister. London and NY: Routledge.

Brooks, R. A. (1991). New approaches to robotics. *Science* 253, 1227-1232.

Brough, J. B. (1972). The emergence of an absolute consciousness 214
in Husserl's early writings on time-consciousness. *Man and World* 5, 298-326.

Butterworth, G. and Hopkins, B. (1988). Hand-mouth coordination in the newborn baby. *British Journal of Developmental Psychology* 6, 303-314.

Buytendijk, F. J. J. (1974). *Prolegomena to an Anthropological Physiology*. Trans. A. I. Orr. Pittsburgh: Duquesne University Press.

Campbell, J. (1999). Schizophrenia, the space of reasons and thinking as a motor process. *The Monist* 82 (4), 609-625.

Carr, D. (1999). *The Paradox of Subjectivity: The Self in the Transcendental Tradition*. NY: Oxford University Press.

Carruthers, P. (2009). How we know our own minds: the relationship between mindreading and metacognition. *Behavioral and Brain Sciences* 32 (2), 121-182.

Cash, M. (2010). Extended cognition, personal responsibility, and relational autonomy. *Phenomenology and the Cognitive Sciences* 9 (4), 645-671.

Cash, M. (2008). Thought and oughts. *Philosophical Explorations* 11 (2), 93-119.

Cassam, Q. (2011). The embodied self. In S. Gallagher (ed.), *The Oxford Handbook of the Self*. Oxford: Oxford University Press.

Cassam, Q. (1997). *Self and World*. Oxford: Clarendon Press.

Cassam, Q. (1995). Introspection and bodily self-ascription. In J. Bermúdez, A. J. Marcel and N. Eilan (eds), *The Body and the Self* (311-336). Cambridge, MA: MIT Press.

Chemero, A. (2009). *Radical Embodied Cognitive Science*. Cambridge, MA: MIT Press.

Clark, A. (2009). Spreading the joy? Why the machinery of consciousness is (probably) still in the head. *Mind* 118, 963-993.

Clark, A. (2008). *Supersizing the Mind: Embodiment, Action, and Cognitive Extension*. Oxford: Oxford University Press.

Clark, A. (1997). *Being There: Putting Brain, Body, and World Together Again*. Cambridge, MA: MIT Press.

Clark, A. and Chalmers, D. (1998). The extended mind. *Analysis* 58 (1), 7-19.

Clark, A. and Grush, R. (1999). Towards a cognitive robotics. *Adaptive Behavior* 7 (1), 5-16.

Cole, J., Sacks, O. and Waterman, I. (2000). On the immunity principle: a view from a robot. *Trends in Cogitive Sciences* 4 (5), 167.

Corradi-Dell'acqua, C., Ueno, K., Ogawa, A., Cheng, K., Rumiati, R. I. and Iriki, A. (2008). Effects of shifting perspective of the self: an fMRI study. *NeuroImage* 40 (4), 1902–1911.

Cosmelli, D. and Thompson, E. (2010). Embodiment or envat- 215
ment? Reflections on the bodily basis of consciousness. In J. Stewart, O. Gapenne and E. di Paolo (eds), *Enaction: Towards a New Paradigm for Cognitive Science*. Cambridge, MA: MIT Press.

Cerbone, D. R. (2006). *Understanding Phenomenology*. Montreal: McGill-Queen's University Press.

Cliff, D., Harvey, I. and Husbands, P. (1993). Explorations in evolutionary robotics. *Adaptive Behavior* 2 (1), 73–110.

Crowell, S. G. (2001a). *Husserl, Heidegger, and the Space of Meaning*. Evanston: Northwestern University Press.

Crowell, S. (2001b). Subjectivity: locating the first-person in *being and time*. *Inquiry* 44, 433–454.

Csibra, G. and Gergely, G. (2009). Natural pedagogy. *Trends in Cognitive Sciences* 13, 148–153.

Dainton, B. (2000). *Stream of Consciousness: Unity and Continuity in Conscious Experience*. London: Routledge.

Damasio, A. (1999). The Feeling of What Happens: Body and Emotion in the Making of Consciousness. NY: Harcourt Brace and Co.

Dansiger, S., Levavb, J. and Avnaim-Pessoa, L. (2011). Extraneous factors in judicial decisions. *PNAS* 108 (17): 6889–6892.

de Biran, M. (1929). *The lnfluence of Habit on the Faculty of Thinking*. Trans. M. D. Boehm. Baltimore: Williams and Wilkins.

Dennett, D. C. (2001). The fantasy of first-person science. Private circulation, at http://ase. tufts. edu/cogstud/papers/chalmersdeb3dft. htm. (Accessed 24 July 2012).

Dennett, D. C. (1991). *Consciousness Explained*. Boston: Little, Brown.

Dennett, D. C. (1988). Quining qualia. In A. Marcel and E. Bisiach (eds), *Consciousness in Modern Science*. Oxford: Oxford University

Press.

Dennett, D. C. (1987). *The Intentional Stance*. Cambridge, MA: MIT Press.

De Jaegher, H. and Di Paolo, E. (2007). Participatory sense-making: an enactive approach to social cognition. *Phenomenology and the Cognitive Sciences* 6, 485–507.

De Jaegher, H., Di Paolo, E. and Gallagher, S. (2010). Does social interaction constitute social cognition? *Trends in Cognitive Sciences* 14 (10), 441–447.

Depraz, N., Varela, F. and Vermersch, P. (2003). *On Becoming Aware*. Amsterdam: John Benjamins.

De Preester, H. (2002). Naturalizing Husserlian phenomenology: an introduction. *Psychoanalytische Perspectieven* 20 (4), 633–647.

Dittrich, W. H., Troscianko, T., Lea, S. E. G and Morgan, D. (1996). Perception of emotion from dynamic point-light displays represented in dance. *Perception* 25, 727–738.

216 Di Paolo, E. A., Noble, J. and Bullock, S. (2000). Simulation models as opaque thought experiments. In M. A. Bedau, J. S. McCaskill, N. H. Packard and S. Rasmussen (eds), *Artificial Life VII: Proc. of the 7th Int. Conf. on Artificial Life* (497–506). Cambridge, MA: MIT Press.

Donald, M. (2006). An evolutionary rationale for the emergence of language from mimetic representation. Plenary paper presented at Language Culture and Mind Conference (17–20 July 2006), Paris.

Drummond, J. J. (1990). *Husserlian Intentionality and Non-Foundational Realism*. Dordrecht: Kluwer Academic Publishers.

Dreyfus, H. (2000). A Merleau-Pontyian critique of Husserl's and Searle's representationalist accounts of action. *Proceedings of the Aristotelian Society* 100, 287–302.

Dreyfus, H. (1992). *What Computers Still Can't Do*. Cambridge, MA: MIT Press.

Dreyfus, H. (1991). *Being-in-the-world: A Commentary on Heidegger's*

Being and Time, Division I. Cambridge, MA: MIT Press.

Dreyfus, H. L. and Dreyfus, S. E. (1988). Making a mind versus modelling the brain: artificial intelligence back at a branch-point. *Daedalus* 117 (1), 15–44.

Eddington, A. (1927). *The Nature of the Physical World*. London: Kessinger Publishing, 2005. Also at http://www-history.mcs.st-and.ac.uk/Extras/Eddington_Gifford.html.

Edelman, S. (2002). Constraints on the nature of the neural representation of the visual world. *Trends in Cognitive Sciences* 6, 125–131.

Engbert, K., Wohlschläger, A., Thomas, R. and Haggard, P. (2007). Agency, subjective time, and other minds. *Journal of Experimental Psychology, Hum Percept Perform* 33 (6), 1261–1268.

Evans, G. (1982). *The Varieties of Reference*. Oxford: Clarendon Press.

Farber, M. (1928). Phenomenology as a method and as a philosophical discipline. University of Buffalo Studies VI, Monographs in Philosophy, No. 1.

Farrer, C., and Frith, C. D. (2002). Experiencing oneself vs. another person as being the cause of an action: the neural correlates of the experience of agency. *NeuroImage* 15, 596–603.

Farrer, C., Franck, N., Georgieff, N., Frith, C. D., Decety, J. and Jeannerod, M. (2003). Modulating the experience of agency: a positron emission tomography study. *NeuroImage* 18, 324–333.

Fingelkurts, A. A. and Fingelkurts, A. A. (2011). Persistent operational synchrony within brain default-mode network and self-processing operations in healthy subjects. *Brain and Cognition* 75, 79–90.

Flanagan, O. (1992). *Consciousness Reconsidered*. Cambridge, MA: MIT Press.

Føllesdal, D. (1969). Husserl's notion of noema. *Journal of Phi-* 217
losophy 66, 680–687.

Føllesdal, D. (1995). Gödel and Husserl. In J. Hintikka (ed.), *From Dedekind to Gödel* (427–446). Dordrecht, Boston: Kluwer Academic Publishers.

Fotopoulou, A., Rudd, R., Holmes, P. and Kopelman, M. (2009). Self-observation reinstates motor awareness in anosognosia for hemiplegia. *Neuropsychologia* 47, 1256-1260.

Frege, G. (1894). Rezension von E. Husserl: philosophie der arithmetik. *Zeitschrift für Philosophie und philosophische Kritik* 103, 313-332.

Frith, C. D. (1992). *The Cognitive Neuropsychology of Schizophrenia*. Hillsdale, NJ: Lawrence Erlbaum Associates.

Frith, C. D., Blakemore, S. -J. and Wolpert, D. M. (2000). Abnormalities in the awareness and control of action. *Phil. Trans. R. Soc. London. B* 355, 1771-1788.

Frith, C. D. and Done, D. J. (1988). Towards a neuropsychology of schizophrenia. *British Journal of Psychiatry* 153, 437-443.

Froese, T. and Gallagher, S. (2010). Phenomenology and artificial life: toward a technological supplementation of phenomenological methodology. *Husserl Studies* 26 (2), 83-107.

Fuchs, T. and De Jaegher, H. (2009). Enactive intersubjectivity: participatory sense-making and mutual incorporation. *Phenomenology and the Cognitive Sciences* 8, 465-486.

Gadamer, H-G. (2004). *A Century in Philosophy: Hans-Georg Gadamer in Conversation with Riccardo Dottori*. NY: Continuum.

Gallagher, S. (in press). Phenomenology of intersubjectivity: transcendental and empirical perspectives [in Portuguese]. Trans. Diogo Ferrer. *Revista Filosófica de Coimbra*.

Gallagher, S. (2012a). Naturalized phenomenology. In D. Zahavi *Oxford Handbook of Contemporary Phenomenology* (70-93). Oxford: Oxford University Press.

Gallagher, S. (2012b). Multiple aspects of agency. *New Ideas in Psychology* 30, 15-31.

Gallagher, S. (2012c). First-person perspective and immunity to error through misidentification. In S. Miguens and G. Preyer (eds), *Con-*

sciousness and Subjectivity (187–214). Frankfurt: Philosophical Analysis Ontos Publisher.

Gallagher, S. (2012d). Ambiguity in the sense of agency. In J. Kiverstein and T. Vierkant (eds), *Decomposing the Will*. Oxford: Oxford University Press.

Gallagher, S. (2012e). In defense of phenomenological approaches to social cognition: interacting with the critics. *Review of Philosophy and Psychology* 3 (2): 187–212. doi 10.1007/s13164-011-0080-1.

Gallagher, S. (2011a). Phenomenology. *Oxford Bibliographies* 218
Online: Philosophy. Oxford: Oxford University Press. (http://www.oxfordbibliographiesonline.com/view/document/obo-9780195396577)

Gallagher, S. (2011b). Time in action. In C. Callender (ed.), *Oxford Handbook on Time* (419–437). Oxford: Oxford University Press.

Gallagher, S. (ed.) (2011c). *The Oxford Handbook of the Self*. Oxford: Oxford University Press.

Gallagher, S. (2008a). Are minimal representations still representations? *International Journal of Philosophical Studies* 16 (3), 351–369.

Gallagher, S. (2008b). Inference or interaction: social cognition without precursors. *Philosophical Explorations*, 11 (3), 163–173.

Gallagher, S. (2007a). Pathologies in narrative structure. *Philosophy* (Royal Institute of Philosophy) Supplement 60, 65–86.

Gallagher, S. (2007b). Simulation trouble. *Social Neuroscience* 2 (3–4), 353–365.

Gallagher, S. (2005). *How the Body Shapes the Mind*. Oxford: Oxford University Press/Clarendon Press.

Gallagher, S. (2004). Understanding problems in autism: interaction theory as an alternative to theory of mind. *Philosophy, Psychiatry, and Psychology* 11, 199–217.

Gallagher, S. (2003). Phenomenology and experimental design. *Journal of Consciousness Studies* 10 (9–10), 85–99.

Gallagher, S. (2001). The practice of mind: theory, simulation or primary interaction? *Journal of Consciousness Studies* 8 (5–7), 83–108.

Gallagher, S. (2000). Philosophical conceptions of the self: implications for cognitive science. *Trends in Cognitive Sciences* 4 (1), 14–21.

Gallagher, S. (1998). *The Inordinance of Time*. Evanston: Northwestern University Press.

Gallagher, S. (1997). Mutual enlightenment: recent phenomenology in cognitive science. *Journal of Consciousness Studies* 4 (3), 195–214.

Gallagher, S. (1986). Hyletic experience and the lived body. *Husserl Studies* 3, 131–166.

Gallagher, S. and Brøsted Sørensen, J. (2006). Experimenting with phenomenology. *Consciousness and Cognition* 15 (1), 119–134.

Gallagher, S. and Hutto, D. (2008). Understanding others through primary interaction and narrative practice. In J. Zlatev, T. Racine, C. Sinha and E. Itkonen (eds), *The Shared Mind: Perspectives on Intersubjectivity* (17–38). Amsterdam: John Benjamins.

Gallagher, S. and Jacobson, R. (2012). Heidegger and social cognition. In J. Kiverstein and M. Wheeler (eds), *Heidegger and Cognitive Science* (213–245). London: Palgrave Macmillan.

219 Gallagher, S. and Meltzoff, A. N. (1996). The earliest sense of self and others. *Philosophical Psychology* 9, 213–236.

Gallagher, S. and Miyahara, K. (2012). Neo-pragmatism and enactive intentionality. In J. Schulkin (ed.), *Action, Perception and the Brain*. Basingstoke, UK: Palgrave Macmillan.

Gallagher, S. and Schmicking, D. (eds) (2010). *Handbook of Phenomenology and Cognitive Science*. Dordrecht: Springer.

Gallagher, S. and Varela, F. (2003). Redrawing the map and resetting the time: phenomenology and the cognitive sciences. *Canadian Journal of Philosophy*. Supplementary Volume 29, 93–132.

Gallagher, S. and Zahavi, D. (in press) Primal impression and enactive perception. In D. Lloyd and V. Arstila (eds), *Subjective Time: The Philosophy, Psychology, and Neuroscience of Temporality*. Cambridge, MA: MIT Press.

Gallagher, S. and Zahavi, D. (2012). *The Phenomenological Mind* (2nd edition). London: Routledge.

Gallese, V. (2003). The roots of empathy: the shared manifold hypothesis and the neural basis of intersubjectivity. *Psychopathology* 36, 171–180.

Georgieff, N. and Jeannerod, M. (1998). Beyond consciousness of external events: a who system for consciousness of action and self-consciousness. *Consciousness and Cognition* 7, 465–477.

Gibson, J. J. (1966). *The Senses Considered as Perceptual Systems*. Boston: Houghton-Mifflin.

Gibson, J. J. (1979). *The Ecological Approach to Visual Perception*. Boston: Houghton-Mifflin.

Goldman, A. I. (2006). *Simulating Minds: The Philosophy, Psychology, and Neuroscience of Mindreading*. NY: Oxford University Press.

Goldman, A. I. (2005). Imitation, mind reading, and simulation. In S. Hurley and N. Chater (eds), *Perspectives on Imitation II* (80–91). Cambridge, MA: MIT Press.

Goldman, A. (1970). *A Theory of Human Action*. NY: Prentice-Hall.

Goldstein, K. and Rosenthal, O. (1930). Zum problem der wirkung der farben auf den organismus. *Sweitzer Archiv fur Neurologische Psychiatie* 26, 3–26.

Graham, G. and Stephens, G. L. (1994). Mind and mine. In G. Graham and G. L. Stephens (eds), *Philosophical Psychopathology* (91–109). Cambridge, MA: MIT Press.

Gopnik, A. and Meltzoff, A. N. (1997). *Words, Thoughts, and Theories*. Cambridge, MA: MIT Press.

Gurwitsch, A. (2009). *The Collected Works of Aron Gurwitsch (1901—1973), vol. I, Constitutive Phenomenology in Historical Perspective*. Trans. and (ed.) J. García-Gómez. Dordrecht: Springer.

Gurwitsch, A. (1979). *Human Encounters in the Social World*. 220
Trans. F. Kersten. Pittsburgh: Duquesne University Press.

Gurwitsch, A. (1966). *Studies in Phenomenology and Psychology*.

Evanston: Northwestern University Press.

Gurwitsch, A. (1964). *The Field of Consciousness*. Pittsburgh: Duquesne University Press.

Habermas, J. (1987). *The Theory of Communicative Action*, Vol. 2: *Lifeworld and System: A Critique of Functionalist Reason*. Trans. T. McCarthy. Boston: Beacon Press.

Haggard, P., Aschersleben, G., Gehrke, J. and Prinz, W. (2002). Action, binding and awareness. In W. Prinz and B. Hommel (eds), *Common Mechanisms in Perception and Action: Attention and Performance*, Vol. XIX (266–285). Oxford: Oxford University Press.

Haith, M. M. (1993). Future-oriented processes in infancy: the case of visual expectations. In C. Granrud (ed.), *Carnegie-Mellon Symposium on Visual Perception and Cognition in Infancy* (235–264). Hillsdale, NJ: Lawrence Erlbaum Associates.

Harvey, I., Di Paolo, E. A., Wood, R., Quinn, M. and Tuci, E. A. (2005). Evolutionary robotics: a new scientific tool for studying cognition. *Artificial Life* 11 (1–2), 79–98.

Haugeland, J. (1990). Intentionality all-stars. *Philosophical Perspectives* 4, 383–427.

Head, H. (1920). *Studies in Neurology*. Vol. 2. London: Oxford University Press.

Heidegger, M. (1993). The question concerning technology. In D. Krell (ed.), *Basic Writings*. NY: Harper Collins Publishers.

Heidegger, M. (1988). *The Basic Problems of Phenomenology*. Trans. A. Hofstadter. Bloomington: Indiana University Press.

Heidegger, M. (1962). *Being and Time*. Trans. J. Macquarrie and E. Robinson. NY: Harper & Row. Cited with English/German pagination.

Heider, F. and Simmel, M. (1944). An experimental study of apparent behavior. *The American Journal of Psychology* 57 (2), 243–259.

Henry, M. (1973). *The Essence of Manifestation*. Trans. G. Etzkorn. The Hague: Martinus Nijhoff.

Hobson, P. (2002). *The Cradle of Thought*. London: Macmillan.

Hobson, P. (1993). The emotional origins of social understanding. *Philosophical Psychology* 6, 227–249.

Hobson, P. and Lee, A. (1999). Imitation and identification in autism. *Journal of Child Psychology and Psychiatry* 40, 649–659.

Hohwy, J. (2004). Top-down and bottom-up in delusion formation. *Philosophy, Psychiatry and Psychology* 11, 65–70.

Howe, M. L. (2000). *The Fate of Early Memories: Developmental Science and the Retention of Childhood Experiences*. Cambridge, MA: MIT Press. 221

Hume, D., (1739). *A Treatise of Human Nature*. (ed.) L. A. Selby Bigge. Oxford: Clarendon Press, 1975.

Husserl, E. (2006). *The Basic Problems of Phenomenology: From the Lectures, Winter Semester, 1910–1911*. Dordrecht: Springer.

Husserl, E. (2005). *Phantasy, Image Consciousness, and Memory* (1898—1925). Trans. J. B. Brough. *Collected Works*, Vol. XI. Dordrecht: Springer.

Husserl, E. (2001a). *Logical Investigations*. 2 Vols. Trans. J. N. Findlay with corrections D. Moran. London and NY: Routledge.

Husserl, E. (2001b). *Die Bernauer Manuskripte über das Zeitbewusstsein (1917—18)*, *Husserliana*, Vol. 33. Dordrecht: Kluwer Academic Publishers.

Husserl, E. (1997). *Thing and Space: Lectures of 1907*. Trans. R. Rojcewicz. Dordrecht: Kluwer Academic Publishers.

Husserl, E. (1991). *On the Phenomenology of the Consciousness of Internal Time (1893—1917)*. Trans. J. B. Brough. Dordrecht: Kluwer Academic Publishers.

Husserl, E. (1989). *Ideas Pertaining to a Pure Phenomenology and to a Phenomenological Philosophy – Second Book*. Trans. R. Rojcewicz and A. Schuwer. Dordrecht: Kluwer Academic Publishers.

Husserl, E. (1982). *Ideas Pertaining to a Pure Phenomenology and to a Phenomenological Philosophy*. First Book. *General Introduction to a Pure*

Phenomenology. Trans. F. Kersten. The Hague: Martinus Nijhoff.

Husserl, E. (1977). *Phenomenological Psychology: Lectures, Summer Semester, 1925*. Trans. J. Scanlon. The Hague: Martinus Nijhoff. German pagination in margins.

Husserl, E. (1973). *Zur Phänomenologie der Intersubjektivität III, Husserliana* XV. Den Haag: Martinus Nijhoff.

Husserl, E. (1970). *The Crisis of European Sciences and Transcendental Phenomenology: An Introduction to Phenomenological Philosophy*. Trans. D. Carr. Evanston: Northwestern University Press.

Husserl, E. (1965). *Phenomenology and the Crisis of Philosophy: Philosophy as a Science and Philosophy and the Crisis of European Man*. Trans. Q. Lauer. NY: Harper & Row.

Husserl, E. (1960). *Cartesian Meditations: An Introduction to Phenomenology*. Trans. D. Cairns. Den Haag: Martinus Nijhoff.

Hutto D. D. (2008). *Folk Psychological Narratives: The Socio-Cultural Basis of Understanding Reasons*. Cambridge, MA: MIT Press.

222 Hutto, D. D. and Myin, E. (2013). *Radicalizing Enactivism: Basic Minds without Content*. Cambridge, MA: MIT Press.

Iizuka, H. and Di Paolo, E. A. (2007). Minimal agency detection of embodied agents. In F. Almeida e Costa, L. M. Rocha, E. Costa, I. Harvey and A. Coutinho (eds), *Advances in Artificial Life: Proc. of the 9th Euro. Conf. on Artificial Life* (485–494). Berlin, Germany: Springer.

Issartel, J., Marin, L., and Cadopi, M. (2007). Unintended interpersonal coordination: 'can we march to the beat of our own drum'? *Neuroscience Letters* 411, 174–179.

Izquierdo, E. and Buhrmann, T. (2008). Analysis of a dynamical recurrent neural network evolved for two qualitatively different tasks: walking and chemotaxis. In S. Bullock, J. Noble, R. Watson, and M. A. Bedau (eds), *Artificial Life XI: Proceedings of the Eleventh International Conference on the Simulation and Synthesis of Living Sys-*

tems (257–264). Cambridge, MA: MIT Press.

Izquierdo-Torres, E. and Di Paolo, E. A. (2005). Is an embodied system ever purely reactive? In M. Capcarrere A. A. Freitas, P. J. Bentley, C. G. Johnson and J. Timmis. (eds), *Advances in Artificial Life: Proc. of the 8th Euro. Conf. on Artificial Life* (252–261). Berlin: Springer-Verlag.

James, W. (1890). *Principles of Psychology*. NY: Dover, 1950.

Jeannerod, M. (2001). Neural simulation of action: a unifying mechanism for motor cognition. *NeuroImage* 14, S103–S109.

Jeannerod, M. and Pacherie, E. (2004). Agency, simulation, and self-identification. *Mind and Language* 19 (2), 113–146.

Karmarkar, U. R. and Buonomano, D. V. (2007). Timing in the absence of clocks: encoding time in neural network states. *Neuron* 53, 427–438.

Kelso, J. A. S. (1995). *Dynamic Patterns: The Self-Organization of Brain and Behaviour*. Cambridge, MA: MIT Press.

Kendon, A. (1990). *Conducting Interaction: Patterns of Behavior in Focused Encounters*. Cambridge: Cambridge University Press.

Kennedy, J. (2011). Kurt Gödel. *The Stanford Encyclopedia of Philosophy (Fall 2011 Edition)*, Edward N. Zalta (ed.) (http://plato.stanford.edu/archives/fall2011/entries/goedel/ (Accessed 24 July 2012)).

Kern, I. (1977). The three ways to the transcendental phenomenological reduction in the philosophy of Edmund Husserl. In F. Elliston and P. McCromick (eds), *Husserl: Expositions and Appraisals* (126–149). Notre Dame: Notre Dame University Press.

Kortooms, T. (2002). *Phenomenology of Time. Edmund Husserl's Analysis of Time-Consciousness*. Dordrecht: Kluwer Academic Publishers.

Kosslyn, S. M. (1978). Imagery and internal representation. In E. 223
Rosch and B. B. Lloyd (eds), *Cognition and Categorization* (217–257). Hillsdale: Lawrence Erlbaum.

Kosslyn, S. M. (1980). *Image and Mind*. Cambridge, MA: Harvard University Press.

Lackner, J. R. (1988). Some proprioceptive influences on the perceptual representation of body shape and orientation. *Brain* 3, 281–297.

Lafargue, G., Paillard, J., Lamarre, Y. and Sirigu, Y. (2003). Production and perception of grip force without proprioception: is there a sense of effort in deafferented subjects? *European Journal of Neuroscience* 17 (12), 2741–2749.

Lane, T. (2012). Toward an explanatory framework for mental ownership. *Phenomenology and the Cognitive Sciences* 11 (2), 251–286.

Langton, C. G. (1989). Artificial life. In C. G. Langton (ed.), *Artificial Life: Proceedings of an Interdisciplinary Workshop on the Synthesis and Simulation of Living Systems*, Santa Fe Institute Studies in the Sciences of Complexity, vol. 4 (1–47). Redwood City, CA: Addison-Wesley.

Lawlor, L. (2009). Becoming and auto-affection (Part II): who are we? Invited Lecture, ICNAP, 2009. Published at http://www.icnap.org/ meetings.htm (accessed 15 January 2011).

Leder, D. (1990). *The Absent Body*. Chicago: Chicago University Press.

Legrand, D. and Ruby, P. (2009). What is self specific? A theoretical investigation and a critical review of neuroimaging results. *Psychological Review* 116 (1), 252–282.

Lenggenhager, B., Tadi, T., Metzinger, T. and Blanke, O. (2007). Video ergo sum: manipulating bodily self-consciousness. *Science* 317, 1096–1099.

Le Van Quyen, M. and Petitmengin, C. (2002). Neuronal dynamics and conscious experience: an example of reciprocal causation before epileptic seizures. *Phenomenology and the Cognitive Sciences* 1, 169–180.

Levinas, E. (1969). *Totality and Infinity: An Essay on Exteriority*. Trans. A. Lingis, Pittsburgh, PA: Duquesne University Press.

Lew, A. and Butterworth, G. E. (1995). Hand-mouth contact in newborn babies before and after feeding. *Developmental Psychology* 31, 456–463.

Lindblom, J. (2007). Minding the body: interacting socially through embodied action. *Linköping Studies in Science and Technology*. Dissertation No. 1112 Linköpings Universitet.

Lindblom, J. and Ziemke, T. (2007). Embodiment and social interaction: implications for cognitive science. In T. Ziemke, J. Zlatev and R. Frank (eds), *Body, Language, and Mind: Embodiment* (129–162). Berlin: Mouton de Gruyter.

Locke, J. (1690). *An Essay Concerning Human Understanding*. 224
(2nd edition) (1694), Ed. A. C. Fraser. NY: Dover, 1959.

Longo, M. R., Kammers, M., Gomi, H., Tsakiris, M. and Haggard, P. (2009). Contraction of body representation induced by proprioceptive conflict. *Current Biology* 19 (17), R27–28.

Lou, H. C., Luber, B., Crupain, M., Keenan, J. P., Nowak, M., Kjaer, T. W., H. A. Sackeim and S. H. Lisanby (2004). Parietal cortex and representation of the mental self. *Proceedings of the National Academy of Sciences* (*USA*), 101, 6827–6832.

Löwith, K. (1928). *Das Individuum in der Rolle des Mitmenschen*. In K. Stichweh (ed.), *Sämtliche Schriften*, Vol. 1. (9–197). Stuttgart: J. B. Metzler, 1981.

Lyotard, J-F. (1991). *Phenomenology*. Albany: State University of New York Press.

MacIntyre, A. (1984). *After Virtue* (2nd edition). Notre Dame: University of Notre Dame Press.

MacKay, D. (1966). Cerebral organization and the conscious control of action. In J. C. Eccles (ed.), *Brain and Conscious Experience* (422–445). NY: Springer.

Malenka, R. C., Angel, R. W., Hampton, B. and Berger, P. A. (1982). Impaired central error correcting behaviour in schizophrenia. *Archives of General Psychiatry* 39, 101–107.

Marbach, E. (2010). Towards a formalism for expressing structures of consciousness. In S. Gallagher and D. Schmicking (eds), *Handbook of Phenomenology and Cognitive Science*. Dordrecht: Springer.

Marbach, E. (1993). Mental Representation and Consciousness: Towards a Phenomenological Theory of Representation and Reference. Dordrecht: Kluwer Academic Publishers.

Marcel, A. (2003). The sense of agency: awareness and ownership of action. In J. Roessler and N. Eilan (eds), *Agency and Self-Awareness* (48−93). Oxford: Oxford University Press.

Marcel, A. (1993). Slippage in the unity of consciousness. *Ciba Foundation Symposium* 174 − *Experimental and Theoretical Studies of Consciousness*. doi: 10.1002/9780470514412.ch9.

Marcel, A. J. (1983). Conscious and unconscious perception: an approach to the relations between phenomenal experience and perceptual processes. *Cognitive Psychology* 15, 238−300.

Martin, M. G. F. (1995). Bodily awareness: a sense of ownership. In J. L. Bermudez, A. Marcel and N. Eilan (eds), *The Body and the Self* (267−289). Cambridge, MA: MIT Press.

225 Maurer, D. and Barrera, M. E. (1981). Infants' perception of natural and distorted arrangements of a schematic face. *Child Development* 52 (1), 196−202.

McKenna, W. (1982). *Husserl's Introductions to Phenomenology*. *Phaenomenologica*, Vol. 89. Dordrecht: Springer.

McTaggart, J. M. E. (1908). The unreality of time. *Mind* 17 (New Series, no. 68), 457−474.

Meltzoff, A. N. (1995). Understanding the intentions of others: reenactment of intended acts by 18-month-old children. *Developmental Psychology* 31, 838−850.

Meltzoff, A. and Moore, M. K. (1977). Imitation of facial and manual gestures by human neonates. *Science* 198, 75−78.

Meltzoff, A. and Moore, M. K. (1994). Imitation, memory, and the representation of persons. *Infant Behavior and Development* 17, 83−99.

Merleau-Ponty, M. (2010). *Child Psychology and Pedagogy: The Sorbonne Lectures 1949—1952*. Trans. T. Welsh. Evanston: Northwestern University Press.

Merleau-Ponty, M. (1987). *Signs*. Trans. R. C. McCleary. Evanston: Northwestern University Press.

Merleau-Ponty, M. (1968). *The Visible and the Invisible*. Trans. A. Lingis. Evanston: Northwestern University Press.

Merleau-Ponty, M. (1967). *The Structure of Behaviour*. Boston: Beacon Press.

Merleau-Ponty, M. (1964). The Primacy of Perception and Other Essays on Phenomenological Psychology, the Philosophy of Art, History and Politics. Evanston, IL: Northwestern University Press.

Merleau-Ponty, M. (1964). The child's relations with others. Trans. W. Cobb, in M. Merleau-Ponty, *The Primacy of Perception*. Evanston: Northwestern University Press.

Merleau-Ponty, M. (1963). *The Structure of Behavior*. Trans. A. L. Fisher. Pittsburgh: Duquesne University Press.

Merleau-Ponty, M. (1962). *Phenomenology of Perception*. Trans. C. Smith. London: Routledge and Kegan Paul.

Miller, I. (1984). *Husserl, Perception, and Temporal Awareness*. Cambridge, MA: MIT Press.

Miyahara, K. (2011). Neo-pragmatic intentionality and enactive perception: a compromise between extended and enactive minds. *Phenomenology and the Cognitive Sciences* 10 (4), 499–519.

Mohanty, J. N. (1989). *Transcendental Phenomenology: An Analytic Account*. Oxford: Basil Blackwell.

Mohanty, J. N. (1971). Husserl's concept of intentionality. *Ana- 226
lecta Husserliana* 1, 100–132.

Moll, H. and Tomasello, M. (2004). 12-and 18-month-old infants follow gaze to spaces behind barriers. *Developmental Science* 7, F1–F9.

Moran, D. (2002). Editor's introduction. In T. Moody and D. Moran (eds), *The Phenomenology Reader* (1–26). London: Routledge.

Moran, D. (2000). *Introduction to Phenomenology*. London: Routledge.

Moreno, A. (2002). Artificial life and philosophy. *Leonardo* 35 (4), 401-405.

Mundale, J. and Gallagher, S. (2009). Delusional experience. In J. Bickle (ed). *Oxford Handbook of Philosophy and Neuroscience* (513-521). Oxford: Oxford University Press.

Murray, L. and Trevarthen, C. (1985). Emotional regulations of interactions between two-month-olds and their mothers. In T. M. Field and N. A. Fox (eds), *Social Perception in Infants* (177-197). Norwood, NJ: Ablex Publishing.

Nagel, T. (1974). What is it like to be a bat? *The Philosophical Review* 83, 435-450.

Neisser, U. (1988). Five kinds of self-knowledge. *Philosophical Psychology* 1, 35-59.

Nelson, K. (2003). Narrative and the emergence of a consciousness of self. In G. D. Fireman, T. E. McVay, Jr. O. J. Flanagan (eds), *Narrative and Consciousness*. NY: Oxford University Press.

Noë, A. (2004). *Action in Perception*. Cambridge, MA: MIT Press.

Pacherie, E. (2007). The sense of control and the sense of agency. *Psyche* 13 (1). http://jeannicod.ccsd.cnrs.fr/docs/00/35/25/65/PDF/ (Accessed 24 July 2012).

Patocka, J. (1996). *An Introduction to Husserl's Phenomenology*. Trans. E. Kohák. Peru, IL: Carus Publishing Company.

Petitot, J. (2008). Neurogéométrie de la Vision: Modèles Mathématiques et Physiques des Architectures Fonctionnelles. Paris: Editions Ecole Polytechnique.

Petitot, J. (1999). Morphological eidetics for a phenomenology of perception. In J. Petitot, F. J. Varela, B. Pachoud and J. -M. Roy (eds), *Naturalizing Phenomenology: Issues in Contemporary Phenomenology and Cognitive Science* (330-371). Stanford, CA: Stanford University Press.

Petitot, J. Varela, F. J., Pachoud, B. and Roy, J-M. (eds) (1999). *Naturalizing Phenomenology: Issues in Contemporary Phenome-*

nology and Cognitive Science. Stanford, CA: Stanford University Press.

Petkova, V. I. and Ehrsson, H. H. (2008). If I were you: perceptual illusion of body swapping. PLoS ONE 3 (12): e3832. Doi: 10.1371/journal. pone. 0003832.

Pöggeler, O. (1989). *Martin Heidegger's Path of Being*. Trans. 227
D. Magurshak and S. Barber. Atlantic Highlands, NJ: Humanities Press.

Pöppel, E. (1988). *Mindworks: Time and Conscious Experience*. Boston: Harcourt Brace Jovanovich.

Pöppel, E. (1994). Temporal mechanisms in perception. *International Review of Neurobiology* 37, 185-202.

Price, D., Barrell, J. and Rainville, P. (2002). Integrating experiential-phenomenological methods and neuroscience to study neural mechanisms of pain and consciousness. *Consciousness and Cognition* 11, 593-608.

Prinz, J. (2009). Is consciousness embodied? In P. Robbins and M. Aydede (eds), *Cambridge Handbook of Situated Cognition* (419-436). Cambridge: Cambridge University Press.

Proffitt, D. R., Creem, S. H. and Zosh, W. (2001). Seeing mountains in molehills: geographical slant perception. *Psychological Science* 12, 418-423.

Proffitt, D. R., Bhalla, M., Gossweiler, R. and Midgett, J. (1995). Perceiving geographical slant. *Psychonomic Bulletin & Review* 2, 409-428.

Pylyshyn, Z. W. (1973). What the mind's eye tells the mind's brain: a critique of mental imagery. *Psychological Bulletin* 80, 1-24.

Rakoczy, H., Brosche, N., Warneken, F. and Tomasello, M. (2009). Young children's understanding of the context-relativity of normative rules in conventional games. *British Journal of Developmental Psychology* 27, 445-456.

Ratcliffe, M. (2007). *Rethinking Commonsense Psychology: A Critique of Folk Psychology, Theory of Mind and Simulation*. Basingstoke: Palgrave Macmillan.

Reddy, V. (2008). *How Infants Know Minds*. Cambridge, MA: Harvard University Press.

Ricoeur, P. (1992). *Oneself as Another*. Trans. K. Blamey. Chicago. Chicago University Press.

Ricoeur, P. (1966). *Freedom and Nature: The Voluntary and the Involuntary*. Trans. E. V. Kohák. Evanston: Northwestern University Press.

Rodemeyer, L. M. (2006). *Intersubjective Temporality: It's About Time*. Dordrecht: Springer.

Rowlands, M. (2006). *Body Language*. Cambridge, MA: MIT Press.

Roy, J. -M., Petitot, J., Pachoud, B. and Varela, F. J. (1999). Beyond the gap: an introduction to naturalizing phenomenology. In J. Petitot, F. J. Varlea, B. Pachoud, and J. -M. Roy (eds), *Naturalizing Phenomenology* (1-83). Stanford, CA: Stanford University Press.

Sartre, J-P. (2004). *The Imaginary: A Phenomenological Psychology of the Imagination*. Trans. J. Webber. London: Routledge.

228 Sartre, J-P. (1960). *Critique of Dialectical Reason*. NY: Verso.

Sartre, J. -P. (1957). *The Transcendence of the Ego*. Trans. F. Williams and R. Kirkpatrick. NY: The Noonday Press.

Sartre, J. -P. (1956). *Being and Nothingness*. Trans. H. E. Barnes. NY: Philosophical Library.

Sass, L. and Parnas, J. (2003). Schizophrenia, consciousness, and the self. *Schizophrenia Bulletin* 29 (3), 427-444.

Saxe, R., Jamal, N. and Powell, L. (2006). My body or yours? The effect of visual perspective on cortical body representations. *Cerebral Cortex* 16, 178-182.

Schechtman, M. (2011). The narrative self. In S. Gallagher (ed.), *The Oxford Handbook of the Self* (394-416). Oxford: Oxford University Press.

Scheler, M. (1954). *The Nature of Sympathy*. Trans. P. Heath.

London: Routledge and Kegan Paul.

Schenk, T. and Zihl, J. (1997). Visual motion perception after brain damage: I. Deficits in global motion perception. *Neuropsychologia* 35 (9), 1289-1297.

Schutz, A. (1967). *The Phenomenology of the Social World*. Trans. G. Walsh and F. Lehnert. Evanston: Northwestern University Press.

Schutz, A. and Luckmann, T. (1973 and 1983). *The Structures of the Life-World* (Vols 1 and 2). Trans. R. M. Zaner, T. Engelhardt and D. J. Parent. Evanston: Northwestern University Press.

Searle, J. (1983). *Intentionality: An Essay in the Philosophy of Mind*. Cambridge: Cambridge University Press.

Senju, A., Johnson, M. H. and Csibra, G. (2006). The development and neural basis of referential gaze perception. *Social Neuroscience* 1 (3-4), 220-234.

Shoemaker, S. (1984). *Identity, Cause, and Mind*. Cambridge: Cambridge University Press.

Singh, J. R., Knight, T., Rosenlicht, N., Kotun, J. M., Beckley, D. J. and Woods, D. L. (1992). Abnormal premovement brain potentials in schizophrenia. *Schizophrenia Research* 8, 31-41.

Smith, D. W. (2008). Phenomenology. *The Stanford Encyclopedia of Philosophy (Fall 2011 Edition)*. Edward N. Zalta (ed.), URL = 〈http://plato.stanford.edu/archives/fall*2011*/entries/phenomenology/〉. Accessed 24 July 2012.

Smith, D. W. and McIntyre, R. (1982). *Husserl and Intentionality: A Study of Mind, Meaning, and Language*. Dordrecht: D. Reidel.

Smith, Q. (1977). A phenomenological examination of Husserl's theory of hyletic data. *Philosophy Today* 21, 356-367.

Sokolowski, R. (2000). *Introduction to Phenomenology*. NY: Cambridge University Press. 229

Sokolowski, R. (1987). Husserl and Frege. *The Journal of Philos-*

ophy 84，521－528.

Spiegelberg，H.（1960）. *The Phenomenological Movement*：*A Historical Introduction*. 2 Vols. The Hague：Nijhoff. 1960.（2nd edition，1965；3rd edition，in collaboration with Karl Schuhmann，1982）.

Steels，L.（1994）. The artificial life roots of artificial intelligence. *Artificial Life* 1（1－2），75－110.

Stein，E.（1964）. *On the Problem of Empathy*. Trans. W. Stein. The Hague：Martinus Nijhoff.

Steinbock，A.（1995）. *Home and Beyond*：*Generative Phenomenology after Husserl*. Evanston：Northwestern University Press.

Stephens，G. L. and Graham，G.（2000）. *When Self-Consciousness Breaks*：*Alien Voices and Inserted Thoughts*. Cambridge，MA：MIT Press.

Steuber，K. A.（2006）. *Rediscovering Empathy*：*Agency*，*Folk-Psychology and the Human Sciences*. Cambridge，MA：MIT Press.

Strawson，G.（2011）. The minimal subject. In S. Gallagher（ed.），*The Oxford Handbook of the Self*. 253－278. Oxford：Oxford University Press.

Strawson，G.（2004）. Against narrativity. *Ratio* 17（4），428－452.

Strawson，G.（1997）. The self. *Journal of Consciousness Studies* 4（5－6），405－428.

Strawson，G.（1999）. The self and the SESMET. In S. Gallagher and J. Shear（eds），*Models of the Self*（483－518）. Thorverton：Imprint Academic.

Strawson，P. F.（1994）. The first person-and others. In Q. Cassam（ed.），*Self-Knowledge*（210－215）. Oxford：Oxford University Press.

Taylor，C.（1989）. *Sources of the Self*. Cambridge，MA：Harvard University Press.

Thelen，E. and Smith，L.（1994）. A Dynamic Systems Approach to the Development of Cognition and Action. Cambridge，MA：MIT Press.

Thompson，E.（2007）. *Mind in Life*：*Biology*，*Phenomenology*， *and the Sciences of Mind*. Cambridge, MA: Harvard University Press.

Thompson, E., Lutz, A. and Cosmelli, D. (2005). Neurophenomenology: an introduction for neurophilosophers. In A. Brook and K. Akins (eds), *Cognition and the Brain: The Philosophy and Neuroscience Movement*. NY and Cambridge: Cambridge University Press.

Thompson, E. and Varela, F. J. (2001). Radical embodiment: neural dynamics and consciousness. *Trends in Cognitive Sciences* 5, 418–425.

Trevarthen, C. B. (1979). Communication and cooperation in early 230
infancy: a description of primary intersubjectivity. In M. Bullowa (ed.), *Before Speech* (321–348). Cambridge: Cambridge University Press.

Trevarthen, C. and Hubley, P. (1978). Secondary intersubjectivity: confidence, confiding and acts of meaning in the first year. In A. Lock (ed.), *Action, Gesture and Symbol: The Emergence of Language* (183–229). London: Academic Press.

Tsakiris, M., Bosbach S. and Gallagher, S. (2007). On agency and body-ownership: phenomenological and neuroscientific reflections. *Consciousness and Cognition* 16 (3), 645–660.

Tsakiris, M. and Haggard, P. (2005). The rubber hand illusion revisited: visuotactile integration and self-attribution. *Journal of Experimental Psychology: Human Perception and Performance* 31 (1), 80–91.

Tsakiris, M. and Haggard, P. (2003). Awareness of somatic events associated with a voluntary action. *Experimental Brain Research* 149, 439–446.

Tye, M. (2000). *Consciousness, Color and Content*. Cambridge MA: MIT Press.

Vallar, G. and Ronchi, R. (2009). Somatoparaphrenia: a body delusion. A review of the neuropsychological literature. *Experimental Brain Research* 192, 533–551.

Van Gelder, T. (1996). 'Wooden iron'? Husserlian phenomenology meets cognitive science. *Electronic Journal of Analytic Philosophy* 4;

reprinted in J. Petitot, F. J. Varela, B. Pachoud and J-M. Roy (eds), *Naturalizing Phenomenology: Issues in Contemporary Phenomenology and Cognitive Science* (245－265). Stanford, CA: Stanford University Press, 1999.

Velleman, J. D. (2006). *Self to Self: Selected Essays*, Cambridge: Cambridge University Press.

Varela, F. J. (1999). The specious present: a neurophenomenology of time consciousness. In J. Petitot, F. J. Varela, B. Pachoud and J. -M. Roy, (eds) *Naturalizing Phenomenology: Issues in Contemporary Phenomenology and Cognitive Science* (266－314). Stanford, CA: Stanford University Press.

Varela, F. J. (1996). Neurophenomenology: a methodological remedy for the hard problem. *Journal of Consciousness Studies*, 3 (4), 330－349.

Varela, F. J. (1995). Resonant cell assemblies: a new approach to cognitive functioning and neuronal synchrony. *Biological Research* 28, 81－95.

Varela, F. J., Lachaux, J. P., Rodriguez, E. and Martinerie, J. (2001). The brainweb: phase-synchronization and long-range integration. *Nature Rev. Neuroscience* 2, 229－239.

Varela, F. J. and Thompson, E. (2003). Neural synchrony and the unity of mind: a neurophenomenological perspective. In A. Cleere-
231 mans, (ed.) *The Unity of Consciousness: Binding, Integration and Dissociation* (266－287). NY: Oxford University Press.

Varela, F., Thompson, E. and Rosch, E. (1991). *The Embodied Mind: Cognitive Science and Human Experience*. Cambridge, MA: MIT Press.

Walker, A. S. (1982). Intermodal perception of expressive behaviors by human infants. *Journal of Experimental Child Psychology* 33, 514－535.

Ward, J. (2008). The Frog who Croaked Blue: Synesthesia and the Mixing of the Senses. Hove, UK: Routledge.

Wenke, D. and Haggard, P. (2009). How voluntary actions modulate time perception. *Experimental Brain Research* 196 (3), 311-318.

Wheeler, M. (2005). *Reconstructing the Cognitive World: The Next Step*. Cambridge, MA: MIT Press.

Wheeler, M. (2008). Cognition in context: phenomenology, situated robotics and the frame problem. *International Journal of Philosophical Studies*, 16 (3), 323-349.

Wider, K. V. (1997). The Bodily Nature of Consciousness: Sartre and Contemporary Philosophy of Mind. Ithaca: Cornell University Press.

Wilson, M. and Knoblich, G. (2005). The case for motor involvement in perceiving conspecifics. *Psychological Bulletin* 131 (3), 460-473.

Wittgenstein, L. (1958). *Philosophical Investigations*. (3rd edition). Trans. G. E. M. Anscombe. Englewood Cliffs, NJ: Prentice Hall.

Wolpert, D. M., Ghahramani, Z. and Jordan, M. I. (1995). An internal model for sensorimotor integration. *Science* 269 (5232), 1880-1882.

Woodward, A. L. and Sommerville, J. A. (2000). Twelve-month-old infants interpret action in context. *Psychological Science* 11, 73-77.

Yoshimi, J. (2007). Mathematizing phenomenology. *Phenomenology and the Cognitive Sciences* 6 (3), 271-291.

Zahavi, D. (ed.) (2012a). *Oxford Handbook of Contemporary Phenomenology*. Oxford: Oxford University Press.

Zahavi, D. (2012b). Empathy and mirroring: Husserl and Gallese. In R. Breeur and U. Melle (eds), *Life, Subjectivity & Art: Essays in Honor of Rudolf Bernet* (217-254). Dordrecht: Springer.

Zahavi. D. (2010). Phenomenology and the problem of naturalization. In S. Gallagher and D. Schmicking (eds), *Handbook of Phenomenology and Cognitive Science*. Dordrecht: Springer.

Zahavi, D. (2005). Subjectivity and Selfhood: Investigating the First-Person Perspective. Cambridge, MA: MIT Press.

Zahavi, D. (2004). Phenomenology and the project of naturalization. *Phenomenology and the Cognitive Sciences* 3 (4), 331-347.

Zahavi, D. (2003). *Husserl's Phenomenology*. Stanford, CA:

Stanford University Press.

232 Zahavi, D. (1999). *Self-Awareness and Alterity: A Phenomenological Investigation*. Evanston: Northwestern University Press.

Zahavi, D. (1994). Husserl's phenomenology of the body. *Études Phénoménologiques* 19, 63-84.

Zahn, R., Talazko, J. and Ebert, D. (2008). Loss of the sense of self-ownership for perceptions of objects in a case of right inferior temporal, parieto-occipital and precentral hypometabolism. *Psychopathology* 41, 397-402.

Zaner, R. (1971). The Problem of Embodiment: Some Contributions to a Phenomenology of the Body. Dordrecht: Springer.

Zihl, J., von Cramon, D. and Mai, N. (1983). Selective disturbance of movement vision after bilateral brain damage. *Brain* 106, 313-340.

索　引

译后记

肖恩·加拉格尔是国际公认的现象学权威，他是美国孟菲斯大学莉莉安和莫里·莫斯杰出哲学教授，同时在英国的赫特福德郡大学担任教职，而且也是丹麦哥本哈根大学的荣誉哲学教授。

《现象学导论》是加拉格尔应邀为帕尔格雷夫出版社组织出版的《帕尔格雷夫今日哲学丛书》写的一本具有导论性质的著作，着重对现象学的自然化、现象学方法、意向性、质素与感受质、时间性、最低限度的自我、叙事自我、生活世界、行动、主体间性、社会认知等论题做了简明而深刻的论述。与现有的现象学导论不同，本书并不是对经典现象学理论的简单重复，而是在回顾和评述这些理论的基础上把现象学放在具身认知、生成认知、延展认知等关于认知的经验研究中，对其实践应用和科学应用的最新发展进行考察，并最终表明这些最新发展既有助于摧毁科学的还原主义倾向，也有助于重新定义现象学。

作为现象学与心灵哲学、认知科学、神经科学、心理学、病理学等学科的交叉研究成果，本书为现象学研究开启了一个全新的视域，它不仅有助于读者了解现象学的经典分析，而且有助于读者了解关于意识和心灵本质的当代争论，并激发他们对这些争论的思考。认知科学、心灵哲学和现象学的研究专家，加拿大多伦多大学的埃文·汤普森教授曾对本书给予了高度评价："对于那些初入现象学之门的学生和那些想要概观现象学之当代复兴的哲学家来说，没有比这本书更好的书了。本书无疑会成为未来几年中标准的现象学导论。”在汉语哲学界，不论是国人自己撰写的现象学导论，还是从西文翻译过来的现象学导论，其数应不下十余种，各有千秋。虽然汤普森对本书的溢美之词不见得能被汉语哲学界完全接受，但可以肯定的是，本书的出版必将丰富和深化我们对现象学的理解，特别是在当代哲学语境下，为我们思考现象学的“合法性”和存在意义提供了有力的根据。

本书的出版首先要感谢张志伟教授的热心推荐和杨宗元女士的大力支持，没有他们的帮助，本书不可能立项翻译。其次，要感谢在翻译过程中给予我帮助的各位师友。为了确定一些专业术语和疑难句子的翻译，我曾求教于何静教授、陈巍教授、余洋博士和王鸿赫博士等人，他们都给予了我热心的解答。特别是何静教授，拨冗阅读了全书，并提出了很多专业的、建设性的修改意见，在此表示衷心感谢！

2015 年秋季学期，我给外国哲学专业的研究生讲授“专业外语”，曾以本书作为教材进行了研读。作为课程练习，我让选课的同学预先翻译了部分章节，在课堂上进行报告和讨论。在此也向参与该课程的同学表示感谢，他们是：张光玉、刘畅、石宣哲、查丽君、杨泽浩。

2020 年春季学期，我给外国哲学专业研究生开设了专业选修课“胡塞尔哲学”，再次以本书作为教材，对全书做了讲解。译者事先将已完成的译稿发给选课的同学进行阅读，并请他们就其中的翻译问题提出意见，在课堂上进行讨论。一学期下来，既让学生对书中的内容有了深切的把握，同时也查漏补缺，有效提高了译稿的质量，可谓一举两得。在此，向各位选课和参与讨论的同学表示感谢，他们是：翟博严、翛然、李商隐、秦威、李阳、陈芳芳。特别要感谢翟博严对第 1、2、4、7 章的校对，李阳对第 8 章的校对，秦威对第 9 章的校对。

此外，需要指出的是，我的博士生韩立俊帮助译出了本书第 3 章和第 6 章的初稿，弗莱堡大学的刘畅博士帮助译出了第 5 章的初稿，译者对他们的初稿逐字逐句做了细致的校改，在此也向韩立俊和刘畅博士表示衷心感谢！当然译文质量皆由我负责。

在本书的翻译过程中，译者也发现了原文的一些细节错误，例如某些被引文献的出版年本来是 1988，但却标成了 1985，还有就是被引德语文献的英译本与原著内容不完全一致，诸如此类的问题，译者也与作者进行了沟通和确认，并参考原著做了订正。对一些疑难句子和不确定的地方，作者也都做了详细解答。除此之外，作者也慨然应邀为中译本撰写了序言，对现象学的最新发展做了介绍。在此，也向加拉格尔教授致以诚挚的感谢！

本书的翻译和出版得到国家社科基金项目“现象学与分析哲学比较研究”（17BZX085）、中国政法大学哲学重点学科建设项目、中国政法大学钱端升学者项目、中国政法大学青年教师学术创新团队（19CXTD06）的资助，在此表示感谢！

最后，感谢我的家人对我工作的理解和支持！

本书是一本跨学科的著作，很多内容超出了译者的研究领域，虽然对译稿做了反复校对和修改，但错漏之处在所难免，敬请方家批评指正。

译者

2020年7月15日

图书在版编目(CIP)数据

现象学导论/（美）肖恩·加拉格尔著；张浩军译
. --北京：中国人民大学出版社，2021.4
ISBN 978-7-300-29268-7

Ⅰ. ①现… Ⅱ. ①肖… ②张… Ⅲ. ①现象学-研究
Ⅳ. ①B81-06

中国版本图书馆 CIP 数据核字（2021）第 085003 号

哲学课
现象学导论
[美] 肖恩·加拉格尔（Shaun Gallagher） 著
张浩军 译
Xianxiangxue Daolun

出版发行	中国人民大学出版社		
社　　址	北京中关村大街 31 号	**邮政编码**	100080
电　　话	010－62511242（总编室）		010－62511770（质管部）
	010－82501766（邮购部）		010－62514148（门市部）
	010－62515195（发行公司）		010－62515275（盗版举报）
网　　址	http://www.crup.com.cn		
经　　销	新华书店		
印　　刷	涿州市星河印刷有限公司		
规　　格	170 mm×228 mm　16 开本	**版　　次**	2021 年 4 月第 1 版
印　　张	14.75 插页 2	**印　　次**	2021 年 4 月第 1 次印刷
字　　数	231 000	**定　　价**	58.00 元